露營杯72道料理

蓮池陽子／著

前言

露營杯是個能當鍋具來製作料理，也可直接作為容器的萬用工具；而且單人露營杯，剛好是1人份食物的容量。因此，我想跟大家分享露營杯的魅力：「在野外可以吃到這道料理真幸福！」「一個露營杯居然能做出這道料理！」興奮地想了很多食譜。不需要複雜的事前準備，也可以做出蛋包飯、火腿煎蛋飯和甜醬油麻糬，甚至還能做漢堡肉排。只要下點工夫、多做幾次，一定能愈做愈順手。請各位先買個露營杯，好好體會樂趣。希望大家都能在野外享受更多的「美味」時間。

Sierra Cup Recipes

本書的用法

食譜分量

1小匙（5ml）
1大匙（15ml）
1杯（180ml）

- 所有食譜都以1人用露營杯為基準。
- 食譜的分量皆為參考值。在山林或露營區無法計量的情況下，請自行試味道並調味。
- 計量器具，可以茶匙取代小匙，咖哩湯匙取代大匙來使用。

圖示

每道食譜的調理時間、調理方式、主要食材都會標注圖示。

調理時間

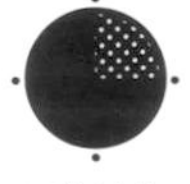
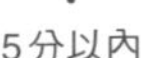
5分以內

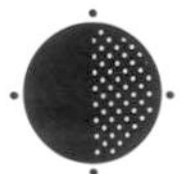
5～10分

10～15分

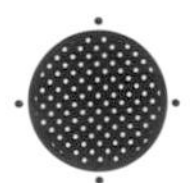
15～20分

調理方式

燜煮

水煮

燉煮

蒸

烤·炒

油炸

主要食材

肉

海鮮

豆類

蔬菜

乳製品

蛋

肉………生鮮肉品、加工肉品、罐頭
海鮮……魚、貝類、魚漿製品、罐頭、乾貨
豆類……豆類、豆腐、油豆腐
蔬菜……蔬菜、脱水蔬菜
乳製品…牛奶、乳酪

- 調理時間為參考值。
- 野外用瓦斯爐以及家用瓦斯爐的調理時間幾乎相同。

使用食材

因為要帶到野外使用，會刻意選擇不易損壞及攜帶方便的食材，而且是在超市等方便的店家可買到的食材。也會儘量選購不需在意添加物的商品。

Contents

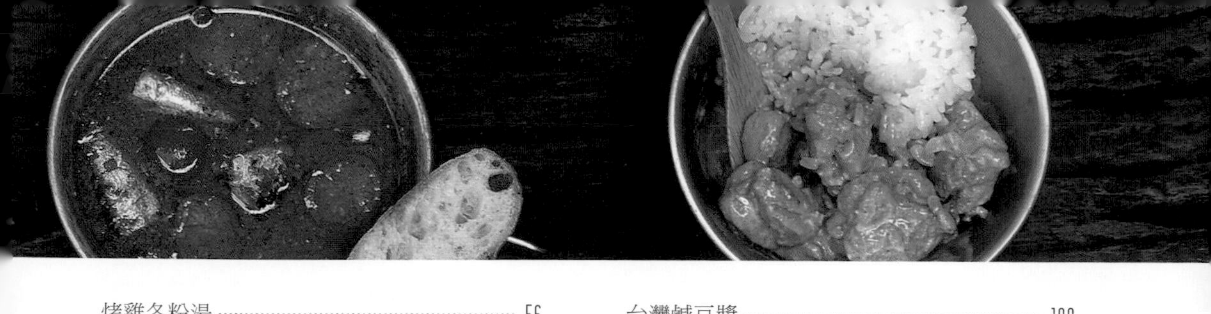

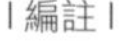

| 編註 |

書中品牌名稱、價格皆以日本的標示為主，僅供參考

SIERRA
KMF

關於工具

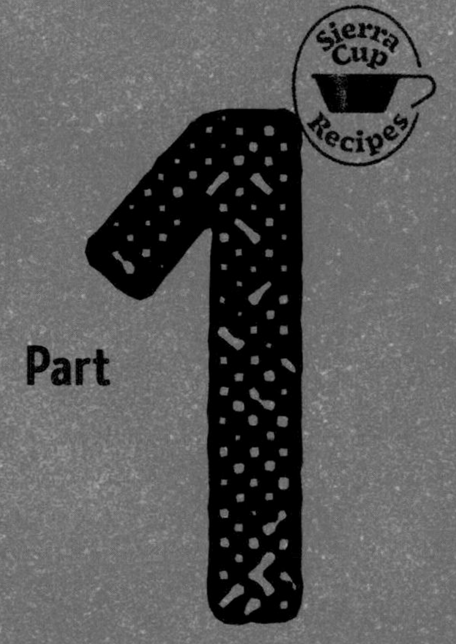

露營杯分成1人份（單人杯）、 2～3人份，甚至有能提供4～5人份料理的大小，各式各樣的尺寸和材質應有盡有。若要先嘗試的話，建議購買單人杯的大小，尺寸輕便，不但可以快速做好自己想吃的1人份料理，也可當成馬克杯來使用。要用露營杯來做料理，就要先準備爐具和餐具；再來就配合食譜、狀況和喜好，慢慢備齊必須的工具即可。接下來，就要介紹值得推薦的單人露營杯和搭配的重要工具。

露營杯的選購法

「Sierra cup」名稱源自於美國自然保護團體「山巒俱樂部」的會員證，指的是兼具調理工具和容器的「露營杯」，使用上相當簡便。在此要介紹選購時的重點。不妨先來買一個回家，再好好地使用它吧

材質

要加熱調理，就要選用不易生鏽的金屬材質。雖然不鏽鋼材質堅固又便宜，但要小心會燒焦。鈦合金材質輕便、強度又高，可以很快速地煮沸熱水。不過，會比不鏽鋼的材質還要容易燒焦。

把手

有一體成型或摺疊式（folding）設計，後者更輕巧且攜帶方便。由於加熱調理時會導熱至把手，請務必小心。建議只要加購隔熱套或用手帕覆蓋，就不怕被燙到。

尺寸

基本款的單人露營杯尺寸是容量300ml以及直徑10～12cm。此外，也有「深型」300～400ml的款式，推薦給想吃湯品分量多、鍋類料理的人。

刻度

若杯子內印有容量刻度，使用上比較方便；也有印製50ml或「一杯米」刻度以便於炊飯的款式，可參考看看。體積輕盈較不占空間，方便攜帶，相當適合難度較高的山林或露營活動。

UNIFLAME
UF 露營杯 300

- 1,000 圓＋稅
- 材質／不鏽鋼
- 尺寸／直徑約 119× 深 41mm
- 重量／約 95g
- 容量／約 300ml

附有 50ml & 一杯米的刻度

GSI
GSI 露營杯

- 1,500 圓＋稅
- 材質／不鏽鋼
- 尺寸／直徑約 124× 深 51mm
- 重量／77g
- 容量／355ml

蒐集不同款式的樂趣

WILD-1
當地露營杯

- 1,000 圓＋稅
- 材質／不鏽鋼
- 尺寸／直徑約 119× 深 41mm
- 重量／約 80g
- 容量／約 300ml

把手可摺疊

輕量鈦合金材質便於加熱

可裝大量湯品

belmont
鈦合金露營杯深型 350
摺疊式把手（附刻度）

- 1,900 圓＋稅
- 材質／本體：鈦合金、把手：不鏽鋼
- 尺寸／直徑約 104× 深 55mm
- 重量／約 60g
- 容量／350ml

UNIFLAME
UF 露營杯 420 鈦合金

- 1,728 日圓＋稅
- 材質／本體：鈦合金、把手：不鏽鋼
- 尺寸／直徑約 129× 深 50mm
- 重量／約 65g
- 容量／約 420ml

搭配使用的工具

先從準備「爐具」和「餐具」開始，
已為大家挑選出必須備齊的「調理工具」和「方便的工具」。
可隨意搭配變化。

爐具	登山用的瓦斯爐。可稱為「登山爐」。一般以輕巧的高山瓦斯罐款式為使用主流，其他還有便於在量販店購買的卡式瓦斯罐款式。

直立式

爐具安裝在瓦斯罐上面的款式。SOTO ／ Micro Regulator Stove WindMaster，7,400 日圓＋稅（四腳爐架配件另售）

分離式

兼具攜帶方便，調理時又很穩定的特質。SOTO ／ Micro Regulator Stove FUSION Trek，9,000 圓＋稅

卡式瓦斯罐

燃料便宜且採購方便，使用上很穩定，在寒冷區域也能夠維持一定火力的款式。SOTO ／ Regulator Stove ST-310，5,800 圓＋稅

餐具	野外用餐具，必須輕巧又方便攜帶。除了多功能用途的湯匙和叉子外，摺疊式筷子也很受歡迎。在此依形狀，挑選出3種湯匙和叉子來介紹。

摺疊式

可以摺疊的握柄，能夠放進露營杯裡攜帶。樹脂材質的前端，不會傷到容器內側。UNIFLAME ／彩色餐具，628 圓＋稅

分離式

重疊握柄可組合在一起。不會散亂，輕便且易於攜帶。GSI ／堆疊式彩色餐具，860 圓＋稅

三合一刀叉匙

1 支就具備了叉子、刀具和湯匙功能的熱門商品，能夠讓行李更輕便。light my fire ／ Spork BIO2 組合包，900 圓＋稅（一組 2 支）

調理工具

可以輕鬆製作露營杯食譜的工具。不知道該從何下手的話，建議可以先買加熱或蒸煮食材會用到的「鍋蓋」，以及能穩定加熱的「烤網」，再來採購防止燙傷的「鍋柄隔熱套」。

鍋蓋兼砧板

Whole Earth 的「Wood Lid 木製砧板」，正好是單人杯直徑大小。可當作鍋蓋、鍋墊或餐盤。（作者私人物品）

提耳濾網

單人杯尺寸的濾網。可以加熱又可清洗，還能夠把食材放在裡面攜帶，非常方便。belmont／不鏽鋼露營杯深型13cm，800 圓＋稅

登山爐用烤網

放在爐架上面，露營杯可以穩穩地放在上面。便於進行炊飯、燉煮等長時間加熱。UNIFLAME／登山爐烤網 S，1,000 圓＋稅

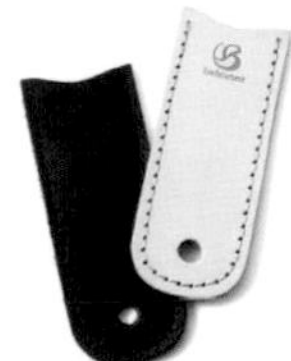

鍋柄隔熱套

加熱時，把手也會導熱。為了防止燙傷，需套上專用隔熱套。belmont／露營杯皮革隔熱套，各 900 圓＋稅

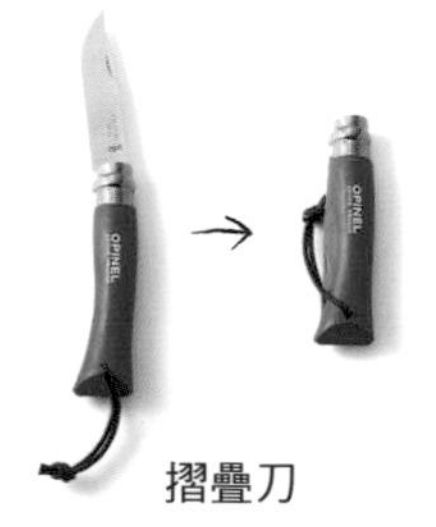

摺疊刀

若帶刀具去野炊，非常麻煩。因此，輕巧以及攜帶方便的「OPINEL」摺疊刀更顯寶貴。（造型師私人物品）

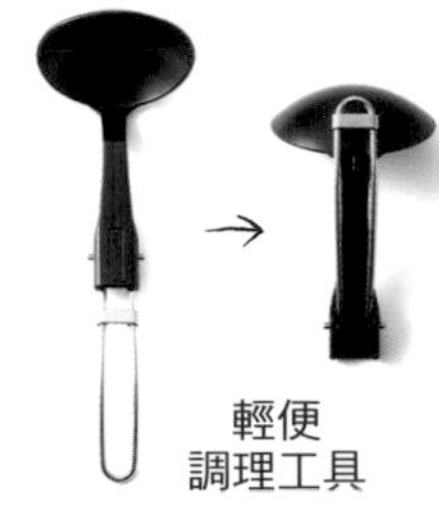

輕便調理工具

可收納在單人杯，是握柄可摺疊的調理工具系列。在家裡也能活用。UNIFLAME／小湯勺，628 圓＋稅

方便的工具

攜帶食材和帶回垃圾，對野炊來說是必須的。此外，露營杯的特質又很容易燒焦，因而還要準備預防的工具。這些全都是去超市就能買到的物品，請全部都備齊吧。

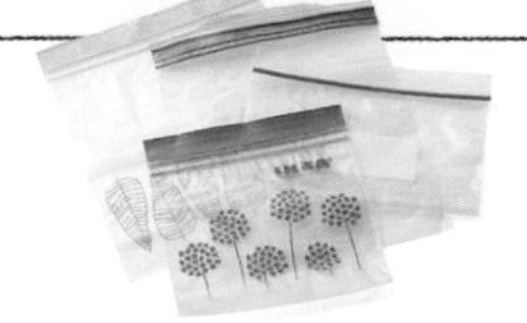

夾鍊袋

活用於攜帶食材和垃圾。我大多會把所有食材整理起來，全部放入 1 公升大小的夾鍊袋，再用相同尺寸的袋子將垃圾帶回。

小分裝瓶

用於攜帶調味料。戶外用品廠商製作的分裝瓶，有附刻度，輕巧又耐用。油類等不好清洗的調味料，可用百圓商品的分裝瓶。

平底鍋專用鋁箔紙

重點是「平底鍋用」的鋁箔紙。在做「烤・炒」和「油炸」的料理時，一定要鋪在露營杯內，以預防燒焦。

基本調理方式

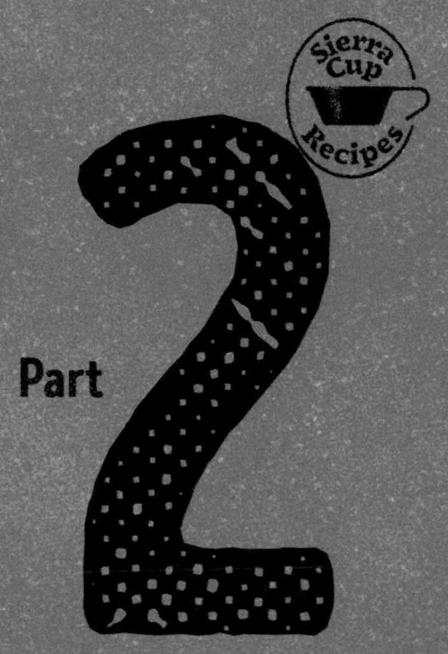

約一個飯碗大小的露營杯，可以做出1人份料理，相當方便，其最佳調理方式是「炊飯」、「水煮」和「燉煮」，適合參考可和水分一同加熱煮滾的食譜。而「烤·炒」部分，只要注意不要燒焦，就能做出美味料理；需要用點技巧的「蒸」和「油炸」，只要下點工夫就沒問題。以下將介紹不同調理方式的重點。此外，為了在山林或露營區儘量不製造垃圾，以及調理用餐結束後也不需用水或清潔劑清洗，這裡還會告訴大家攜帶食材去野外的方法，還有結束收尾的基本方式。讓我們用得順手、吃得美味吧。

食材的攜帶方式

想在山林和露營區野炊，掌握攜帶食材的方式非常重要。
在此預設當天來回或露營一晚的時間，
提供各位不損害食材又能減輕重量的攜帶方法。

保冷袋
＋
冷凍生食

攜帶生食至野外，一定會用到保冷袋。可先用保鮮膜包覆食材之後冷凍，即不會損傷。此法也能取代使用保冷劑。

保冷袋
＋
切塊蔬菜
＋
冷凍瓶裝飲料

事先處理過蔬菜，再用塑膠袋包覆，放入保冷袋內。至於冷凍瓶裝飲料，可兼具保冷劑和飲料的功用。

蔬菜

帶皮清洗，擦乾水分，用報紙包覆。調理時產生的垃圾，就用報紙包起來，帶回家丟棄吧。

露營杯
＋
易壓壞的食材

至於易壓壞的食材，可用塑膠袋裝起來放進露營杯裡。除了維持食材品質，還能減少行李空間，可謂一石二鳥。

用餐完的收尾

不留痕跡，是戶外活動的基本。
所以在使用調理工具和餐具後，也不需用水和清潔劑清洗。
就連垃圾，也要全部帶回家。

登山時
常備麵包行動糧
會很方便

用麵包擦拭

用食材擦拭器具，是野炊的基本，其中以麵包最好用。建議使用熱狗麵包或吐司這類偏軟的品項。

拌飯和麵，一起吃乾淨

可用白米飯、超商飯糰和麵線，非常方便，只要拌一拌，再全部吃下肚就好。

報紙的油墨
可防止
味道飄散

用夾鍊袋裝垃圾

活用夾鍊袋，就不怕有味道或汁液漏出。再利用裝食材的袋子裝入垃圾，一舉兩得。

用餐具擦拭

這也是野炊的基本。使用不傷杯子保護膜的木製餐具，就能夠擦得很乾淨。

炊飯

露營杯料理，是基本中的基本。
煮出好吃的白米飯，才能拓展野炊樂趣。
而單人露營杯，剛好可以煮出一餐份的白米飯。

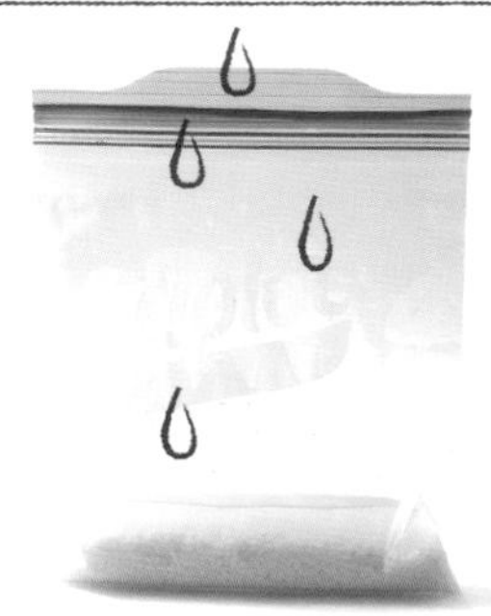

將要用的分量倒入夾鍊袋內

要去山林或露營區野炊時，將一餐份的米（半杯 90ml）倒入夾鍊袋內，即只帶要吃的分量。如此一來就省去計量的麻煩。

炊飯30分至1小時前泡水

狀況許可下，就在炊飯前先洗米，直接把米泡水帶去吧。雖然不泡水也能炊飯，但泡過水的米所煮出的膨度會完全不一樣喔！

基本炊飯法

單人杯尺寸，約 300ml 的露營杯可煮半杯米（90ml）。雖然要視情況而定，大致上在煮沸後約 7 分鐘可炊好飯。另，高海拔處的沸點偏低，可能會有米飯內芯未熟透的情況發生。請記住這個小知識。

1 水要加得比米高一倍。半杯的話，就是加水到刻度 200cc。若沒有刻度，則是加到露營杯的上方 1/3 處，或是手掌抵住米，能淹過食指指甲的程度為基準。

2 煮沸後，邊攪拌米飯邊繼續燉煮。全體攪拌均勻，拌遍露營杯內側。以小火持續加熱，並注意別燒焦。

3 煮至有點黏稠，用筷子將底部的水分拌到表面，拌至水分蒸發即完成。關火蓋上鍋蓋，燜 5 ～ 10 分鐘。

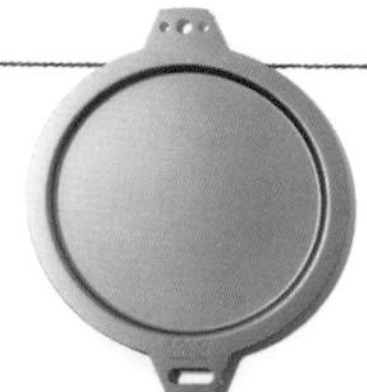

Point

炊飯時，要準備專用鍋蓋。等米飯的水分蒸發後，蓋上鍋蓋，燜煮至膨脹。若無，可用砧板或鍋墊等工具代替。belmont／鈦合金露營杯蓋，1,200圓＋稅

煮麵

水煮開後下麵即可。短時間內可完成的麵料理，
很適合在想節省爐具燃料、餓到受不了時，
以及還有點嘴饞時來製作。

分裝成一餐份

要攜帶怕潮濕的乾麵，可分裝成一餐份，放入密閉的夾鍊袋內。而冬粉有個別分裝成一餐份的包裝，可以善加利用。

可在露營杯便利烹煮的麵類	建議選用短時間內快速加熱就能煮熟的食材，有助於節省爐具的燃料。在麵類方面，需掌握「細麵」、「快熟」2個重點；乾麵則較輕便好攜帶。

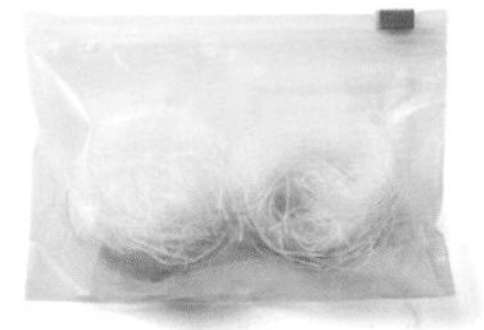

冬粉

水煮滾後直接加入即可，輕巧方便。煮熟後靜置5分鐘，口感會更彈牙。一餐份大約20g。

通心粉

可當作義大利短麵來使用，務必選用快熟的通心粉。一餐份的基準值為手抓兩把，約50g。

麵線

用露營杯烹煮時，可折半放入熱水。這不只可做和食，經過調味後，還可享受多種料理的樂趣。

Point

麵線本身就含有鹽分，這是為了要加強麵體的強韌度。水煮後，麵線會少掉不少鹽分。由於本書呈現的是連煮麵水都可一起吃下肚的食譜，因此，調味時要小心別弄得太鹹。

燉煮

加熱調理中，和水分一起「燉煮」的調理方式，
是用易快速導熱材質製作的露營杯之最大優勢。
重點是每次水分都要淹過食材燉煮。

不易煮熟的食材擺在邊緣

想要縮短燉煮的時間，就把難煮熟或要充分加熱的食材，放在露營杯的底部或邊緣。至於易熟的食材，放內側即可。

「燉煮」不可或缺的3樣工具

這裡要介紹能讓調理更順暢又安心的工具。全都是在加熱調理中很方便的物品，請務必備齊，以便享受不同的樂趣。

鍋柄隔熱套

加熱時，握柄會逐漸變燙。若能活用鍋柄專用隔熱套或手帕，就可預防燙傷。

筷子

用露營杯加熱時，食材很容易黏著在杯子內側，所以需要用筷子邊攪拌燉煮，防止燒焦。

烤網

用爐具加熱時，烤網先放在爐架，再放上露營杯，會使整體更加穩定，同時能預防燒焦。

Point

燉煮時，水分會蒸發。為了避免燒焦，在開始燉煮前多加一點水，會比較安心。若燉煮過程中水分變少的話，再加水淹過食材即可。

蒸

下點工夫，就能用露營杯享受蒸煮料理的樂趣。
而且當作基底的蔬菜食材也能吃下肚，就像獲得贈品一樣。
不妨加入約1cm高的水量，開始蒸看看吧。

把蔬菜當基底 就能全部吃光光

要用露營杯「蒸」食物，就要使用可讓水蒸氣循環，又能夠放主要食材且硬度偏高的蔬菜為基底。蒸熟後，蔬菜也能一起享用。

當基底的基本蔬菜	試過許多方法，以下向各位介紹最適合的蔬菜，特性是味道不重，也能確實蒸熟。不過，像紅白蘿蔔等根莖類，雖然硬度夠但不易蒸熟，所以不適合。

洋蔥

將洋蔥切成直徑10cm、厚1cm的圓片，正好能塞進露營杯的底部。蒸熟後，料理會散發出甜味！

高麗菜

剝下一片菜葉，切成1.5～2cm的大小，堆疊、塞滿露營杯的底部。菜芯也可切成相同大小，塞進杯內。

大白菜

和高麗菜一樣，剝下一片菜葉並切成1.5～2cm大小，鋪進杯內。蒸熟後，連菜芯都變得軟嫩又美味。

Point

「蒸」的過程中，不可或缺的工具就是鍋蓋。雖然可以採用炊飯時的鍋蓋，但最建議的還是使用相同直徑的露營杯來取代。不但高度夠，而且還可一次蒸煮很多食材。

烤・炒

想快速煮熟食材，可採用烤或炒的方式。
然而，若使用導熱性佳的調理工具，卻還要擔心是否容易燒焦食物。
因此，只要多下點工夫，就能做出完美料理。

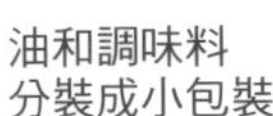

油和調味料
分裝成小包裝

即使是要做出一口分量的「炒青菜」，只要用的油不同，風味也會隨之改變。帶著裝有不同油品的分裝瓶，烹調會更有趣！

務必帶著
平底鍋專用鋁箔紙

「烤・炒」時為了防止燒焦，一定要活用平底鍋專用鋁箔紙，建議帶「需要張數＋2張」去野炊。萬一不小心戳破，多帶的能以備不時之需。

取代油的食材＆調味料	如果活用調味料或食材本身富含的油脂，即使不加油，也能做烤、炒料理。滋味濃郁，風味更豐富。請享受料理帶來的不同風味吧。

美乃滋

美乃滋的原料就有含油，加熱後會迅速化開。能增添淡淡的酸味，做出不同的味道。

肉的油脂

平常會直接丟棄的油花，這次就活用看看吧。除了牛油外，豬油和雞皮的風味也很好吃。

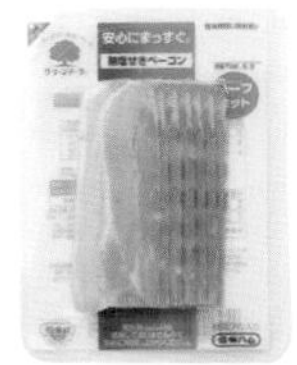

培根

培根和香腸這類型的加工肉品，加熱後就會出油囉。還有煙燻肉品，可增添料理的風味。

Point 調理時，基本火力要調成小火。大火除了會傷到露營杯外，還有可能會在露營杯上留下焦痕。加熱時間上，最長只要控制在5～6分鐘內，就能放心。另，在食材的切法和加熱方法方面，多下點工夫吧。

油炸

只要炸想吃的分量，就能隨心所欲地趁熱享用炸物，
這是單人尺寸露營杯的特權。
少量的油就可炸出酥脆的料理，餐後收尾也能很輕鬆。

油炸油一次只要準備30ml

只要倒入露營杯 1cm 高左右的油品，就足夠油炸了。一人份餐點炸一次所需的量大約是30ml。因此，只要將需要的油量分裝進小瓶子內帶去就好。

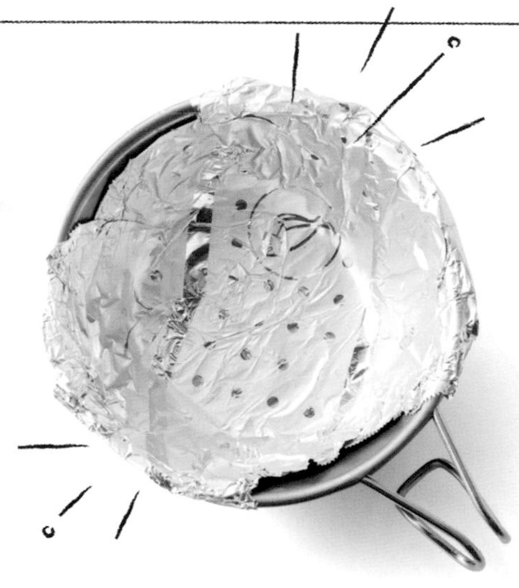

用手指鋪入平底鍋專用鋁箔紙

油炸時，也要用防止燒焦的平底鍋專用鋁箔紙，訣竅是連杯緣都要確實鋪滿。為了避免戳破鋁箔紙，建議用手指慢慢鋪平。

油炸油的美味收尾	享用完炸物後，直接丟掉油炸油就太可惜了！不妨做成收尾菜或加料料理吧，吃起來還滿有飽足感的。記得胃要留點空間來享用喔。

炸麵包

將愛吃的麵包切成 1 ～ 2cm 的塊狀，炸來吃吧。隨意添加糖、香料或鹽，做出自己愛吃的口味。

油蒜料理

切成約一口大小的香菇和豆類，直接用油炸。最後加入蒜片，就完成了西班牙的油蒜料理。

油拌飯

不是做炒飯，而是油拌飯。加入醬油或鹽等喜歡的調味料，將會是道很有飽足感又出色的收尾菜。

Point 使用無色無味、加熱也不易酸化的油來油炸。方便購得的是：太白芝麻油、米糠油和葵花油。還有一種特色油品為葡萄籽油，也很適合用來油炸食物。

Column

器具保養

「露營杯跟其他戶外用品一樣，妥善保養，就能用得更長久。在野外用餐完後，只能做些擦拭等最小限度的收尾步驟。因此，回家後要確實清除杯內髒污，清洗晾乾後即收好，等下次出發時就能快速準備。雖然杯子外側多少會殘留難以清除的焦痕，但這種使用過的痕跡，更能散發出杯子獨特的味道。一般來說，調理工具都是『親自使用與保養』，會愈用愈愛不釋手。希望大家手邊的杯子在過了 10 年、20 年後，還是能陪伴你去野外南爭北討。」（蓮池）

使用工具

尼龍製的粗菜瓜布。刷洗方便，也可剪成 3cm 的正方形來使用。

可洗掉頑強污垢的清潔劑。但要小心，用太多可能會傷到器具。

Before

杯內的焦痕。若繼續調理的話，會使焦痕更明顯。請先用菜瓜布沾水刷洗。另，邊角和刻度處，比想像中的還要髒喔。

After

5 分鐘後……煥然一新。清洗乾淨、用乾布擦拭水分後，晾乾即可。若每次調理後都能恢復這種狀態，最為理想！

露營杯食譜

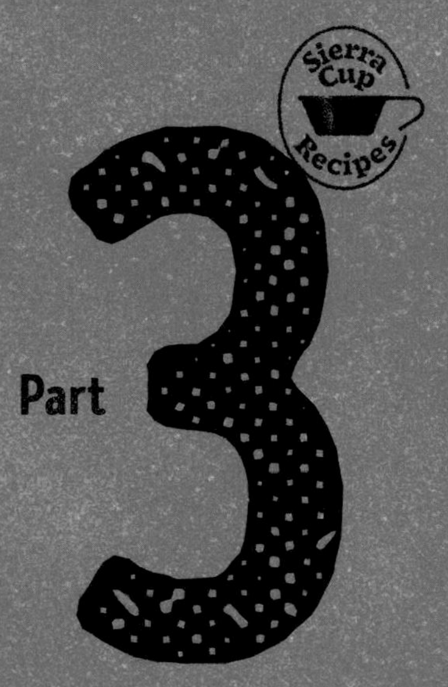

到山林或露營區時， 想要吃能迅速填飽肚子的快速便食？只要一個露營杯，就能炊白飯或加料成不同味道的飯類料理、 當作收尾也很棒的麵料理、 方便攜帶的麵包變化料理、 不分男女老幼都喜愛的豐富咖哩料理， 以及主菜、 甜點和飲品等， 要來個全餐都沒問題呢！若能活用身旁方便購入的食材， 都能在10幾分鐘內完成書裡介紹的食譜。 雖然本書使用的調理工具都很輕巧簡便， 但做出的料理可都是飽足感十足喔！

快速便食

做給無法忍受空腹的孩子們的墊胃菜，是 10 分鐘內就可做好的溫熱便食。只要選用易熟的食材，再事先切成適口大小即可。

番茄芥末炒魚肉腸

5分以內

烤・炒

海鮮

材料

魚肉腸……２根
橄欖油……適量
番茄醬……適量
芥末籽醬……適量

作法

1 將平底鍋專用鋁箔紙鋪進露營杯內。倒入適量橄欖油，稍微加熱，再放入切成 2 ～ 3cm 大小的魚肉腸。

2 等魚肉腸煎到有點焦時，加入番茄醬和芥末籽醬，待翻炒均勻後，關火。

Point 像魚肉腸這種長條狀的食材，為了便於烹調，可先切成 2 ～ 3cm 大小，比較好翻炒。炒好後撒上黑胡椒，很適合當成下酒菜，而且還會帶來恰到好處的飽足感。

裹上滿滿的芥末籽醬

藍紋乳酪炒蛋＆麵包

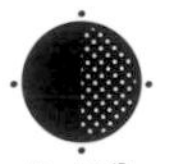
5～10分

烤．炒

蛋

乳製品

材料

蛋⋯⋯2個
藍紋乳酪⋯⋯20g（2大匙）
喜歡吃的麵包⋯⋯適量
蜂蜜⋯⋯適量

作法

1 把平底鍋專用鋁箔紙鋪進露營杯內。在塑膠袋內放入全蛋液和乳酪，隔著袋子揉捏拌勻。
2 將1的蛋液倒入露營杯內，開中小火。等蛋凝固後，用湯匙輕柔攪拌，繼續加熱。
3 將麵包蓋在2上面，淋上蜂蜜，即可完成。

Point

想避免蛋液燒焦，一定要先在露營杯內徹底鋪滿平底鍋專用鋁箔紙，再進行調理。攪拌蛋液時，要小心別戳破鋁箔紙。此外，可用卡芒貝爾乳酪或其他加工乳酪代替藍紋乳酪。

乳酪×蜂蜜的甜鹹滋味，令人上癮

海味令人食指大動

海苔粉奶油馬鈴薯

5～10分

水煮

蔬菜

材料

馬鈴薯（小的）……1個
奶油……適量
鹽或胡椒……適量
海苔粉……適量

作法

1 馬鈴薯切成6～7mm的半圓形，放入杯內，再倒入可淹過食材的水量，開火水煮。

2 等竹筷可戳過馬鈴薯後，瀝掉水分，加入奶油和鹽（或胡椒）調味。

3 最後，撒上海苔粉，即可享用。

Point 事前準備時，可先將馬鈴薯帶皮洗淨，仔細擦乾水分，以便攜帶。調理時，若切成半圓形後仍太大塊，可再對半切成扇形。原則上，分切食材都以一口大小為基準，才便於用露營杯烹調。

孜然魚漿餅

5分以內

烤・炒

海鮮

材料

魚板……2片
橄欖油……少許
孜然粉……適量
黑胡椒……適量

作法

1 把平底鍋專用鋁箔紙鋪進露營杯內。倒入橄欖油，稍微加熱，再放入切成一口大小的魚板，輕輕拌炒。

2 等魚板煎至有點焦痕後，關火。最後，撒上孜然粉和黑胡椒即可。

Point 若把撕碎的生蒔蘿和香菜撒在料理上，彷彿讓當下的用餐氛圍，搖身一變像在餐廳用餐一樣，別有一番風味。這些食材在附近的超市即可購得，有機會的話可帶去野外試看看。

美乃滋炒玉米竹輪

材料

竹輪……2根
美乃滋……適量
玉米粒……1小包（3大匙）

作法

1 先把竹輪切成適口大小。將平底鍋專用鋁箔紙鋪進露營杯內。

2 倒入美乃滋，開中火，再放入竹輪和玉米粒，拌炒至飄出香味即完成。

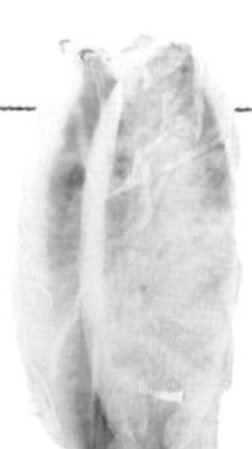

Point

竹輪、魚板和鱈寶等食材，也可用其他魚漿製品取代，同樣好吃。另，雖然市面也有販售無加鹽調味的玉米粒，但含鹽的玉米粒在烹調上會比較方便。若覺得味道還不夠，可再加點鹽（分量外）作調整。

培根，是決定鮮味的靈魂食物

山椒煮大豆培根

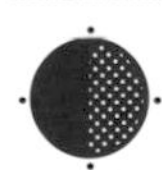
5～10分

燉煮

豆類

材料

培根片……1片
大豆（水煮或蒸大豆）
……1罐（100g）
橄欖油……適量
山椒粉……少許

作法

1 把培根片切成適口大小。
2 將 50ml 的水（分量外）倒入露營杯，再加入培根片、大豆和橄欖油，開火。
3 煮至冒泡時，偶爾攪拌一下，約煮 2 分鐘之後關火。
4 加鹽（分量外）調味，撒上山椒粉，即可完成。

Point 食材方面，也可用綜合沙拉豆罐頭來代替大豆。罐頭雖然方便攜帶，但建議改用袋裝，較便於帶至山林或露營區。此外，雖然可依個人喜好添加山椒粉，但若大量撒入，會使料理更提味喔。

Column

4種快速簡便的涼拌菜

咀嚼過後，
就變成了鷹嘴豆泥

涼拌鷹嘴豆

材料
鷹嘴豆（水煮或蒸）……1罐（100g）
檸檬汁……少許
炒芝麻……少許
橄欖油……1/2大匙或略多
鹽……適量
孜然粉……少許
黑胡椒……適量

作法（調理時間：1分）

1 鷹嘴豆、檸檬汁、炒芝麻、橄欖油和鹽拌勻。
2 調味過後，撒上孜然粉和黑胡椒，即可享用。

洋蔥很夠味的
小菜

燻花枝洋芋片佐美乃滋

材料
洋蔥（小的）……1/8個
燻花枝……2小撮
洋芋片……2小撮
美乃滋……適量

作法（調理時間：2～3分）

1 把洋蔥切成半月形薄片，如果味道仍然很嗆，可先泡水。將燻花枝切成適口大小。
2 把1和輕輕搗碎的洋芋片拌勻，再擠上美乃滋，即可完成。

不只能烹煮，單人露營杯也能當成小型調理盆來使用。
這裡要介紹不需加熱、稍微攪拌一下即完成的「涼拌菜」，
很適合在想要節省燃料或是炎熱季節時享用。

靜置一會兒就很濕潤，
變得十分入味

檸汁醃干貝小黃瓜

材料
小黃瓜……1條
紫洋蔥（或洋蔥）……少許
干貝罐頭（小的）……1罐（40g）
橄欖油……1大匙
檸檬汁……1小匙
鹽、黑胡椒……皆適量

作法（調理時間：5～6分）
1 把小黃瓜切成適口大小，洋蔥切成半月形薄片，兩者拌勻後撒鹽，靜置5分鐘，待融入食材後再擠乾水分。
2 將干貝連同罐頭內醃汁倒入1內，最後加入橄欖油、檸檬汁和黑胡椒調味，即可完成。

可用其他喜歡的
魚漿製品來代替魚板

青蔥魚板拌辣油

材料
魚板……2片
青蔥……3根
辣油、醬油……皆適量

作法（調理時間：1分）
1 魚板切成適口大小，青蔥切成4～5cm蔥段。
2 把1、辣油和醬油混合攪拌均勻，即可享用。

飯	只要有一個露營杯，無論是日式、西式、中式，甚至是其他異國料理，都能搞定，做出變化多端、飽足感高的「飯」類料理。因此，很適合做 1 人份的早餐或醒酒料理。

蛋包飯

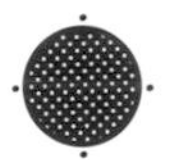
15～20分

燜煮

蛋

材料

米⋯⋯1/2 杯
洋蔥（小的，切碎末）⋯⋯1/10 個
培根片（切細絲）⋯⋯1 片
蛋⋯⋯1 個
番茄醬⋯⋯1 又 1/2 大匙
奶油、鹽、黑胡椒⋯⋯皆適量

作法

1 將吸飽水的米放入露營杯，倒水（分量外）到 200ml 的刻度，再擺上洋蔥末和培根絲，開火。煮沸後，轉小火，用筷子攪拌。

2 把平底鍋專用鋁箔紙鋪在 1 上面，倒入打散的蛋液。蛋稍微凝固後，反覆翻面，等整體呈現半熟狀態之後，連同鋁箔紙一起移開。

3 持續用筷子攪拌米飯，再轉超小火慢慢加熱，等米飯的水分蒸發掉後再關火。

4 加入番茄醬、奶油、鹽和黑胡椒。整體拌勻後，蓋上鍋蓋，燜 5 ～ 10 分鐘。

5 倒上 2 的蛋，淋上番茄醬（分量外），即可完成。

Point 在平底鍋專用鋁箔紙內加熱的蛋液，會從邊緣開始凝固，建議邊注意不要弄破鋁箔紙，邊輕柔地從蛋凝固的地方翻面。

邊炊飯，邊完成半熟蛋

海南雞飯

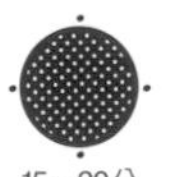
15～20分

燜煮

肉

材料

在家先備好醬汁
- 薑（磨成末）……1/2大匙
- 大蔥（切碎末）……1大匙
- 鹽……1/4小匙
- 麻油……2大匙

米……1/2杯
雞湯粉……1小匙
雞絞肉……50g
香菜……適量

作法

1 〔在家〕薑末、蔥末、鹽和加熱的麻油混合拌勻。
2 〔野外〕將吸飽水分的米倒入露營杯內，倒水（分量外）至200ml的刻度，加入雞湯粉攪拌均勻。
3 用湯匙將雞絞肉搓圓，分成4～5等分，擺在2上面，開火。
4 煮沸後，注意別讓絞肉沉下去，邊攪拌米飯。
5 持續用筷子攪拌，轉超小火慢慢加熱，讓米飯的水分蒸發掉。
6 關火，蓋上鍋蓋燜5～10分鐘。
7 淋上醬汁，佐上香菜，即可享用。

Point 「海南雞飯」原本採用的是大塊雞肉，為了便於攜帶，建議改使用絞肉，而且絞肉比肉塊還要易熟，烹調上較不費力。若要帶少量絞肉去野外，儘量先整理成小巧輕便的包裝並冷凍起來，較不易退冰。

用圓滾滾的雞絞肉代替大塊雞肉

依燜煮的時間，調整蛋黃的熟度

火腿煎蛋飯

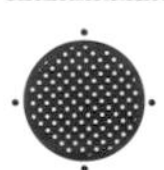
15～20分

燜煮

蛋

肉

材料

米……1/2杯
火腿片（培根也可以）
……少許～2片
蛋……1個
喜歡的調味料
（醬油、奶油、醬汁等）
……適量

作法

1 把吸飽水分的米倒入露營杯內，將水（分量外）倒至 200ml 的刻度，開小火。
2 煮沸後，用筷子攪拌。
3 輕輕擺上火腿片和蛋，持續攪拌米飯，轉超小火慢慢加熱，使米飯的水分逐漸蒸發。
4 關火，蓋上鍋蓋燜 5 ～ 10 分鐘。
5 淋上愛吃的調味料，即可享用。

Point

過程中，加入火腿和蛋之後要注意火候。用筷子持續攪拌，可避免露營杯底部燒焦；如果聞到焦味，要馬上關火，蓋上鍋蓋。而米飯等水分蒸發後，很快就會煮熟，因此請不要移開視線。

味噌湯雜炊

5～10分

燉煮

肉

材料

雞湯粉……1/2小匙
愛吃的味噌……1大匙
牛油（切碎末。可用豬油或奶油代替）……2cm塊狀
蒜片……4～5片
白飯糰……1個
叉燒肉……適量
青蔥（切碎末）……適量

作法

1 露營杯內倒入150ml的水（分量外），加入雞湯粉、味噌、牛油、蒜片，開火。
2 煮沸後，再加熱3～4分鐘，直到牛油溶化。
3 將白飯糰加入2內，輕輕攪拌，等再次煮沸後就關火，使用適量味噌（分量外）調味。
4 擺上叉燒肉和蔥末，即可完成。

Point

在調理過程中，預先準備的冷飯糰，有助於輕鬆重製飯類料理；另，亦可用鹽味飯糰代替一般的白飯糰。此外，建議採用肉販攤上尚未成形的牛油。此種牛油在烹調中很容易被逼出油脂，進而使料理變得更加美味。

超商飯糰泡飯

紅豆飯糰 × 麻油煮粥

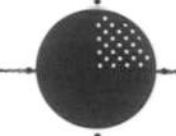

材料
紅豆飯糰……1個
麻油……1小匙
鹽……適量

作法
1 將紅豆飯糰、麻油及可淹過食材的水量（分量外）倒入杯內，邊拌散紅豆飯糰，邊開火加熱。
2 煮至喜歡的濃稠度後，加鹽調味，即可完成。

豆皮壽司 × 高湯雜炊

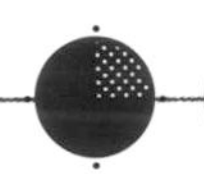

材料
豆皮壽司……1個
高湯粉……少許
鹽、醬油……適量

作法
1 將豆皮壽司的飯和油豆皮分開，和可淹過食材的水量（分量外）及高湯粉倒入杯內，邊拌散豆皮壽司，邊開火加熱。
2 煮至喜歡的濃稠度後，加鹽及醬油調味，即可完成。

明太子飯糰 × 奶油乳酪燉飯

材料
明太子飯糰……1個
奶油乳酪……1個
鹽、黑胡椒……適量

作法
1 剝開飯糰的海苔，而海苔先保留不煮，備用。將飯糰和奶油乳酪、可淹過食材的水量（分量外）一起倒入杯內，邊拌散飯糰，邊開火加熱。
2 煮至喜歡的濃稠度後，加鹽和黑胡椒調味，最後再撕碎海苔撒在上面，即可完成。

Point

有各種餡料口味的超商飯糰，可說是很不錯的食材。舉例來說，海苔可用來烹煮高湯。在前述料理中，明太子飯糰可用鮭魚或鮪魚美乃滋飯糰來代替，而豆皮壽司也可改成梅子飯糰；尤其是梅子飯糰，特別適合在食欲不佳的狀況食用。

明太子飯糰 × 奶油乳酪燉飯

有飯糰和調味料
就能製作

豆皮壽司 × 高湯雜炊

紅豆飯糰 × 麻油煮粥

Column

適合熱騰騰白飯的5種佐料

1

橄欖油

味噌

可以採用自己愛吃的味噌來搭配烹調，這裡比較推薦使用微甜的米味噌。若再添加橄欖油，能讓口感更清爽，味道更香醇；可以的話，建議選擇使用香氣十足的油品，會使料理變得更加美味。

2

麻油

+

鹽昆布

此招牌佐料組合相當適合配飯，而且與小黃瓜片、番茄、高麗菜絲等都很對味。另，麻油可用太白芝麻油代替，雖然焦香味較不獨特，卻更增添芝麻的香氣。

最適合煮出1人份飯量的，莫過於單人尺寸露營杯。
為了煮出好吃的白米飯，不斷挑戰不同的調理方式，也別有一番樂趣。
不妨組合多種喜歡的調味料做出「佐料」，讓米飯味道更加豐富！

3

海苔粉

＋

起司粉

富含海味的海苔粉、奶香與鹹味兼具的起司粉，配上熱騰騰的白飯，更增添馥郁的香氣。起司粉中，最推薦使用帕瑪森起司。

4

梅乾

＋

黑胡椒

梅乾的清爽酸味、黑胡椒的微辣感，最適合在想吃點清淡口味時搭配米飯食用。特別推薦只使用鹽醃漬的梅乾；而粗顆粒的黑胡椒，可以增添食用口感的趣味性。

5

梅乾

＋

美乃滋

梅乾在口中會產生獨特的酸味，配上美乃滋的溫潤奶香，超乎想像的對味。另外，請儘量先切碎梅乾，再加入攪拌、食用。

麵	麵類，在野炊食譜中相當受歡迎。只要選用快熟的麵類，搭配露營杯烹煮，也能迅速享用。此外，為了不增加清洗工具的步驟，也會把煮麵水當作美味湯汁吃下肚喔。

奶油培根蛋黃麵線

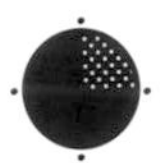
5分以內

水煮

蛋

材料

麵線……1束
培根片（切成1cm的細絲）……1片
蛋……1個
帕瑪森起司粉……適量
黑胡椒……適量

作法

1 露營杯內倒入150ml的水（分量外），煮沸，再加入麵線（先折半）和培根絲，繼續煮約1分鐘，不斷攪拌，直到麵線熟透。

2 關火，打蛋進去，再迅速攪拌。最後，撒上起司粉和黑胡椒，即可享用。

Point 由於麵線很容易煮熟，所以打蛋進去後，必須確實掌握烹調時間，迅速攪拌，讓麵體均勻裹上蛋液。另，麵線本身含鹽，最後調味時，請先試過味道，再酌量加入起司粉和黑胡椒。

簡單易做的料理，有蛋和起司就好吃

芝麻味噌豬絞肉冬粉

5～10分

水煮

肉

材料

芝麻味噌辣油（作法詳見POINT）……1大匙或略多
豬絞肉……50g
冬粉（單球包裝）……20g
青蔥（切碎末）……適量

作法

1 〔在家〕事先調好芝麻味噌辣油。
2 〔野外〕露營杯內倒入125ml的水（分量外），加入豬絞肉和芝麻味噌辣油，充分攪拌，開火。
3 煮沸，且絞肉也煮熟後，加入冬粉，攪拌均勻。
4 關火，靜置3分鐘，讓冬粉吸飽湯汁。
5 等冬粉軟化後，再次開火加熱，充分攪拌。若味道不夠鹹，可再加芝麻味噌辣油調味，最後撒上蔥末即完成。

Point

「芝麻味噌辣油」作法如下：白芝麻醬2大匙、愛吃的味噌2大匙、薑半個和蒜半瓣（一起磨成泥）、少許辣油（建議使用山椒辣油），充分拌勻即可。

芝麻味噌辣油搭配麵食，有種吃擔擔麵的滿足感

泰式酸辣冬粉

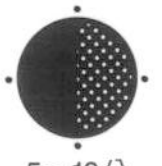

5～10分　水煮　蔬菜

材料

紫洋蔥（或一般洋蔥，小的）……1/10個
蝦米……1小撮（約15隻）
冬粉（單球包裝）……20g
魚露……1/2大匙或略多
檸檬汁……1/2小匙或略多
糖……適量
紅辣椒（切碎末）……適量
香菜……適量

作法

1 紫洋蔥切絲。
2 杯內倒入100ml的水（分量外）和蝦米，開火。煮沸後，加入冬粉攪拌均勻，關火，靜置2分鐘。
3 等冬粉軟化後，把1加進來，用魚露、檸檬汁、糖和紅辣椒末調味。
4 最後擺上香菜，即可完成。

Point

由於冬粉放久了會吸收水分，因此，建議煮好後等待5分鐘再吃，會比較入味。此料理中，特別添加魚露、檸檬汁、糖、紅辣椒末，可呈現出道地的泰式「酸、辣、甜」風味。

酸、辣、甜的泰式冬粉

檸香麵線

5分以內

水煮

蔬菜

材料

麵線……1束
橄欖油……1小匙或略多
青蔥（切碎末）……適量
柴魚片……適量
檸檬……1/4個

作法

1 倒入200ml的水（分量外）在露營杯內，煮沸，再放入麵線（折半）煮約1分鐘，不停攪拌，直至麵線熟透。

2 露營杯移開火源之後，加入橄欖油、青蔥末、柴魚片，再擠進檸檬汁。

3 充分攪拌均勻，即可享用。若味道不夠鹹，可再加點鹽或醬油（分量外）調味。

Point 調味方面，可採簡單調味為基底，再視個人喜好添加其他佐料，做出變化料理。舉例來說，也可用麻油、海苔、泡醋昆布絲和梅乾等來代替橄欖油。

這道料理擁有清爽的香氣及口感

紅紫蘇的香氣，令人胃口大開

紅紫蘇起司拌麵線

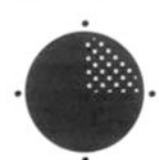
5分以內

水煮

乳製品

材料

麵線⋯⋯1束
紅紫蘇、帕瑪森起司粉
⋯⋯皆適量

作法

1 露營杯內倒入200ml（分量外）的水，煮沸，再加入麵線（折半）煮約1分鐘，邊攪拌至麵線熟透。

2 杯子移開火源，撒上紅紫蘇和帕瑪森起司粉，攪拌均勻後即可享用。

Point 若想吃別種主食，亦可用白飯或通心粉代替麵線。特別提醒，由於麵線本身含鹽，烹煮時添加調味料較少；若換成白飯和通心粉後，有口味不足的狀況，也可考慮多加點紅紫蘇，以增添味道。

海苔和青紫蘇葉的風味絕配

魩仔魚海苔紫蘇通心麵

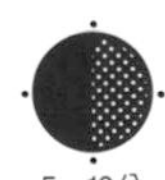
5～10分

水煮

海鮮

材料

通心粉⋯⋯50g
（1/2的露營杯）
魩仔魚⋯⋯1小撮
板海苔⋯⋯1/2片
奶油（或美乃滋）⋯⋯適量
鹽⋯⋯適量
青紫蘇葉⋯⋯1片

作法

1 通心粉（快煮）倒入露營杯內，加入魩仔魚和可淹過食材的水量（分量外），開火加熱。
2 煮沸後，撕碎板海苔，加入杯內，用筷子攪拌均勻，直到通心粉熟透。
3 杯子移開火源，加入奶油、鹽調味，最後擺上青紫蘇葉（先切絲），即可完成。

Point

「奶油」和「美乃滋」不但可調味，也能為料理帶來適量油脂。奶油口味深受大人、小孩所喜愛，而美乃滋則含有獨特的奶香和酸味。另，可用海萵苣或海苔粉代替板海苔，讓料理中的海味更加豐富！

烤雞罐頭中滿滿的鮮甜，都被吸附在冬粉中

烤雞冬粉湯

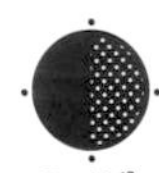
5～10分

水煮

肉

材料

烤雞罐頭（含鹽）……1罐
冬粉（單球包裝）……20g
鹽……適量
（有就用）青蔥（切碎末）、辣椒粉……皆適量

作法

1 把150ml的水（分量外）以及烤雞罐頭（含醬汁），一起倒入露營杯內，開火。
2 煮沸後再加熱1～2分鐘，加入冬粉充分攪拌，關火，靜置2分鐘。
3 再次開火加熱，加鹽調味。若有準備蔥末和辣椒粉，可再撒上，即可享用。

Point 如果想要節省燃料，不妨在水煮沸後、加冬粉前就先關火吧！由於熱度夠，冬粉仍然可以煮軟。另，烤雞罐頭內含鹽分和醬汁，烹調時的調味可以少費點心。

疲勞時，來點溫熱的湯品吧

梅乾酸辣冬粉湯

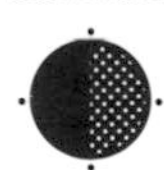

5～10分

水煮

肉

材料

小番茄（剖半）……3個
雞湯粉（小袋裝）……1/2包
梅乾（搗碎）…1個
冬粉（單球包裝）……20g
蛋（打散在塑膠袋內）……1個
鹽、黑胡椒、辣油……皆適量
青蔥（切碎末）……適量

作法

1 將 150ml 的水（分量外）、小番茄、雞湯粉和梅乾碎倒入露營杯內，開火。
2 煮沸後，加入冬粉，加熱 2 ～ 3 分鐘。
3 倒入蛋液，輕輕攪拌均勻，關火。
4 加入鹽、黑胡椒和辣油調味，最後撒上蔥末，即可享用。

Point 此料理中，相當推薦以梅乾來取代醋，而梅乾也富含能消除疲勞的檸檬酸。建議事先準備時，可先將梅籽取出，烹調時就不會製造垃圾。（作者最愛的口味是鹽漬梅乾）

可和烤過的麵包一同享用

奶燉牛肉通心粉

5～10分

水煮

肉

材料

洋蔥（小的）……1/8個
烤肉用牛肉片……70g（4片）
鹽、黑胡椒……適量
太白粉……1小匙
通心粉……15g（手抓2把）
高湯粉（小袋裝）……1/2包
奶油乳酪（小包裝）……2個
（有就用）蒔蘿或香芹……適量

作法

1 先把洋蔥切成薄片半月形。牛肉片切成一口大小的塊狀，撒上鹽和黑胡椒，再裹上太白粉，備用。
2 將洋蔥片、通心粉（快煮）、高湯粉和可淹過食材的水量（分量外）倒入露營杯內，開火。
3 煮沸後，用筷子邊攪拌，邊加熱 2 分鐘。
4 加入奶油乳酪，攪拌至溶化，再加入牛肉塊，加熱 1 ～ 2 分鐘。
5 可再加鹽和黑胡椒調味。若有準備，再撒上蒔蘿或香芹，即可完成。

Point

想做出濃稠的白醬，除了使用奶油乳酪之外，在肉上裹太白粉也是好辦法，兩者一起烹煮，就能做出美味醬汁，肉質也會更軟嫩。而奶油乳酪更帶有微微的酸味，可帶出整體料理的美味程度。若不吃牛肉，亦可用雞肉來代替。

橄欖油×番茄＝正統的味道

橄欖番茄通心麵

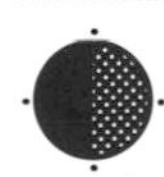
5～10分

水煮

蔬菜

材料

通心粉……50g（1/2的露營杯）
黑橄欖（切片）……1袋（5個）
蒜片……3～4片
番茄糊……1條（1大匙）
小番茄（剖半）……2個
橄欖油、鹽、黑胡椒……適量

作法

1 將通心粉（快煮）倒入露營杯內，加入可淹過通心粉的水量（分量外）、黑橄欖片和蒜片，開火。

2 煮沸後，再加熱 2 分鐘。

3 加入番茄糊和小番茄，攪拌均勻後，再加熱 2 分鐘。

4 加入橄欖油，再用鹽和黑胡椒調味，即可完成。

Point 煮通心粉時，需要時不時用筷子攪拌，避免沾黏到杯緣及底部。另，市面有販售可果美的小包裝番茄糊，方便使用又能提味，是作者很愛用的調味料。

麵包	可以直接食用的麵包，在山林和露營區是珍寶。簡單的白吐司，可以泡湯、夾食物或加熱而食用，還能調味做成甜點或辣味料理，可說是百變食材。

法式吐司

10～15分

烤・炒

蛋

乳製品

材料

吐司（6片裝）……1片
蛋……1個
牛奶或豆乳……50ml
愛吃的糖……5g（糖條1包）
奶油……適量
愛吃的配料……皆適量

作法

1 把平底鍋專用鋁箔紙鋪進露營杯內。將吐司切成 12 等分，塞進杯內。

2 把蛋、牛奶和糖倒入塑膠袋內並充分拌勻，再倒入 1 內。

3 開小火，充分煎烤。待表面出現焦烤色後，翻面繼續煎烤，再加入奶油。

4 最後，擺上配料，即可完成。

Point 吐司常見的招牌配料有：香蕉和巧克力、香腸和蜂蜜、煉乳等；若能先煎過香腸，味道更佳。如果不加配料，可嘗試只撒上大量的香甜肉桂粉，就能呈現出另一種獨特風味的法式吐司。

可以享受不同配料組合的法式吐司

豆乳培根燉菜

10～15分

燉煮

豆類

材料

培根（切成1cm塊狀）
……70g（4～5大匙）
山藥（切成1cm塊狀）
……1cm厚圓片分量
洋蔥湯塊……1個
豆乳……120ml或略多
可頌麵包……1個

作法

1 把100ml的水（分量外）、培根塊、山藥塊、洋蔥湯塊倒入露營杯內，開火。煮沸後，再加熱2～3分鐘。

2 倒入豆乳，繼續加熱，關火，即可完成。

3 可將可頌麵包搭配2的燉菜一同享用。

Point

口味方面，若覺得不夠鹹，可再加些味噌（分量外）；豆乳和味噌混合在一起，能讓味道更香濃。而薯蕷類蔬菜中較易煮熟的是山藥，所以優先被應用在此料理中；若想換口味，也可用馬鈴薯（切成半月形薄片）來代替。

與奶油香氣十足的可頌麵包非常對味

越南法國麵包

5～10分 燉煮 肉 蔬菜

材料
醃漬牛肉片（醃料如右述）……100g
醋拌蘿蔔絲（作法如右述）……適量
熱狗麵包（中間剖開不切斷）……1個
美乃滋……適量

作法
1 〔在家〕先用各 1/2 大匙的糖和魚露醃過牛肉。把白蘿蔔、紅蘿蔔各切成 5cm 的細絲，加鹽搓揉 20 分後靜置；擠乾水分，加入 2 大匙醋、各 1 大匙的魚露和糖，和 3～4 根辣椒（切圓片），拌勻成醋拌蘿蔔絲。
2 〔野外〕將牛肉片、少許的水（分量外），充分加熱。
3 麵包內側抹上美乃滋，把 2 和醋拌蘿蔔絲夾入，即可享用。

肉桂捲

5～10分 烤・炒 乳製品

材料
吐司（6片裝）……1片
煉乳、奶油、葡萄乾……適量
肉桂糖……適量
（肉桂粉：糖＝1：4～6）

作法
1 灑點水（分量外）在吐司上，讓整體稍微軟化。
2 依序將煉乳和奶油抹在 1 上，再撒上肉桂糖。
3 把 2 分成 4 等分（不切斷），抹醬的那面朝內側捲起。
4 用小火煎烤兩面，再隨意撒葡萄乾即完成。

醃牛肉蛋包＆番茄鳳梨漢堡

材料
醃牛肉……半包
蛋……1個
漢堡麵包（剖半）……1個
美乃滋……適量
鳳梨（一口大小）……3～4個
番茄醬……適量

作法
1 撕開醃牛肉，和蛋液拌勻，備用。漢堡麵包剖面抹上美乃滋。
2 將平底鍋專用鋁箔紙鋪入露營杯，分開煎 1 的牛肉和鳳梨。
3 把 2 煎好的牛肉和鳳梨用番茄醬調味，夾入漢堡麵包內，即可享用。

Point

在山林露營時，建議常備麵包為行動糧，隨時都能當作點心或料理食材，相當方便。此外，用來製作肉桂捲的餡料也可作為行動糧；而羊羹和堅果，或是可可粉，也是推薦的項目。

夾入、捲起、
變化多端！
醃牛肉蛋包&
番茄鳳梨漢堡
越南法國麵包
肉桂捲

Column

讓麵包更美味的5種方法

1 熱壓

有 2 個相同尺寸的露營杯，就能用熱壓的方式，把麵包和喜歡的餡料包在一起。此外，還可以做出迷你尺寸的熱壓三明治。

先在一個露營杯內鋪平底鍋專用鋁箔紙，再放入與底部差不多大小的夾餡麵包，接著，用另一個露營杯熱壓。

以小火加熱，有煎出焦痕後翻面，再次進行熱壓，讓背面也能加熱。

這樣就完成了。此次的熱壓三明治餡料是採用火腿片和融化的乳酪，再用 6 片裝吐司所做成。

2 蒸烤

在家回烤麵包前建議先蒸過，就能烤出更蓬鬆的麵包。另，若隨時感到嘴饞，用單人尺寸的露營杯，也可以方便蒸出想吃的分量。

把平底鍋專用鋁箔紙揉圓放在杯底，再倒入約 1cm 高的水量，擺上麵包。

以相同口徑的露營杯當蓋子重疊蓋住杯口，加熱。若水分蒸發，記得補足。

麵包加熱後即完成。若再進行烘烤，會增添香氣，使麵包變得更美味。

常被當作登山便利行動糧的「麵包」，直接吃就很好吃；
但如果可以加熱作點變化，會變得更加美味。
這裡要介紹用單人尺寸露營杯調理麵包的趣味小訣竅。

3 油炸

把平底鍋專用鋁箔紙鋪進露營杯內，倒入多一點的油（建議使用太白芝麻油或米糠油），炸至酥脆。最後撒上鹽或糖調味，即可享用。

4 瑞士火鍋

先把麵包切成一口大小。用熱牛奶泡開可可粉，或是其他喜歡的濃郁湯品；最後，用麵包沾取，即可享用。

坊間有不少能輕鬆取得的沖泡包、即食湯包等，方便享用多種口味。

搭配味噌湯

麵包配味噌湯 ?! 可說是令人意想不到的美味組合。補充說明，番茄和橄欖油、海萵苣和奶油、紅味噌和橄欖油等等含「油」的飲食搭配，其實出乎意料地對味。

咖哩

咖哩擁有豐富的辛香料風味，不但令人胃口大開，和米飯更是絕配！這次要介紹的食譜全都可以在 10 分鐘內完成。若肚子超餓時，不妨來一碗吧。

番茄蘑菇蔬食咖哩

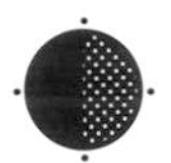
5～10分

燉煮

蔬菜

材料

番茄（中的）……1個
蘑菇……2～3個
獅子唐辛子……2根
咖哩味噌球（作法參考POINT）……1大匙或略多（或直接用1塊咖哩塊）
奶油、鹽、黑胡椒……適量

作法

1 番茄去蒂頭，隨意切成塊狀。用手剝碎蘑菇，把獅子唐辛子切成 2cm 塊狀。全倒入露營杯裡，注入可淹過食材的水（分量外），開火加熱。

2 煮沸，過 2 ～ 3 分鐘等番茄煮軟後，加入咖哩味噌球，拌開。

3 最後，加奶油、鹽和黑胡椒調味，即可完成。

（編註：獅子唐辛子為糯米椒的一種）

Point **「咖哩味噌球」作法如下：**咖哩粉 2 大匙、味噌 2 大匙、薑蒜（一起磨成泥）各 1 片、橄欖油（或椰子油）1 大匙，所有材料充分攪拌均勻即可；也可以加入番茄糊，拌勻即完成。

咖哩味噌球擁有清爽又微辣的滋味

柚子胡椒綠咖哩

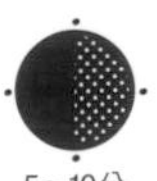
5～10分

燉煮

肉

材料

茄子（小的）……1/2根
（或用獅子唐辛子3～4根）
香菜……3～5株
烤雞罐頭（含鹽）……1罐
椰奶粉……2大匙
柚子胡椒……1小匙
魚露（或鹽）……適量

作法

1 把茄子切成 1cm 寬的扇形，香菜切碎末或用手撕碎。

2 除了魚露之外的材料，全放入杯內，再倒入可淹過食材的水量（分量外），邊攪拌邊開火加熱。煮沸後轉小火，繼續燉煮至茄子變軟。

3 最後，用魚露（或鹽）來調味，即可完成。

Point 一般來說，綠咖哩都是用多種辣椒和香料混合製成；如果手邊有綠辣椒或柚子胡椒，就能輕鬆做出綠咖哩的味道。而這些都屬於重辣重鹹的調味料，可隨喜好調整濃淡度。

柚子胡椒搭配椰奶，吃起來更清爽

竹輪大蔥咖哩

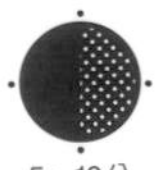
5～10分

燉煮

海鮮

材料
竹輪……2根
大蔥……1/3根
咖哩粉……1小匙
烏龍麵湯粉……1小匙
太白粉……1小匙多
（有就用）七味粉……適量

作法

1 竹輪和大蔥都斜切成薄片。

2 在露營杯內倒入150ml的水（分量外），加入咖哩粉、烏龍麵湯粉和太白粉，仔細攪拌均勻，再把1加入，開火。

3 邊攪拌邊加熱至煮沸，再續煮1分鐘，轉中小火，煮至冒泡，關火。

4 有七味粉的話就撒上，即可享用。另，若有額外的大蔥，也可切成蔥花作為佐料，撒至料理上。

Point 太白粉容易沉澱在杯底，因此開火燉煮前需先充分拌勻。此外，可用洋蔥取代大蔥，增添些許料理甜味。特別提醒，為了更容易煮熟，務必先把洋蔥切成半月形的薄片。

利用湯頭，做出熱呼呼的羹湯

沙丁魚咖哩

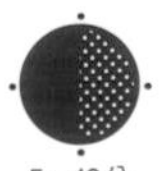
5～10分

燉煮

海鮮

材料

油漬沙丁魚⋯⋯1罐
小番茄（剖半）⋯⋯3個
咖哩味噌球（作法在P68）
⋯⋯1大匙（或咖哩塊1塊）
椰奶粉⋯⋯2大匙
印度綜合香料粉⋯⋯1小匙
鹽⋯⋯適量

作法

1 將油漬沙丁魚、小番茄和可淹過食材的水量（分量外）倒入露營杯內，開火。

2 煮沸後，再煮2～3分鐘。

3 加入咖哩味噌球和椰奶粉，充分攪拌後，關火，倒入印度綜合香料粉。

4 加鹽調味，即可享用。

Point 建議連同罐頭內醃汁加入燉煮，不但能增加料理鮮味，還能減少餐後的垃圾量。油漬類罐頭在多數超市都買得到，不但在烹調過程中扮演油脂作用，還會使料理變得更加美味，可說是好處多多。

懂得活用罐頭的鮮味，才是正統的烹調法

雞肉咖哩美乃滋丼

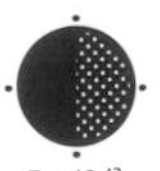
5～10分

燉煮

肉

材料

雞腿肉……100g
喜歡的醬汁……1大匙
咖哩粉……1小匙
美乃滋……隨意
白飯……隨意

作法

1 先將雞腿肉切成一口大小，和可淹過肉塊1/3的水量（分量外）一起倒入露營杯內，開火。

2 用筷子攪拌，使整體確實加熱，等水分變少後再關火，倒入醬汁，讓食材吸附。

3 撒上咖哩粉，佐上美乃滋，最後淋在飯上，即可享用。

Point 此次食譜所用的醬汁，是便當裡常會附贈的小包裝中濃醬（編註：日本醬汁的一種）。這是採用蔬菜、水果、醋、糖、鹽和香料等各種食材所做出的調味料醬汁，能讓料理的味道更有層次。

料理中提味的醬汁，讓人想「再來一碗！」

印度絞肉咖哩

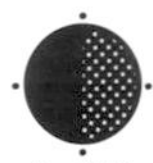
5～10分

燉煮

肉

材料

喜歡吃的絞肉……80g
玉米粒（小的）……1包（3大匙）
洋蔥（小的，切小碎末）……1/8個
番茄糊……1條（1大匙）
咖哩味噌球（作法在P68）
……1大匙
（或用1塊多一點的咖哩塊）
起司片……1片

作法

1 絞肉、玉米粒、洋蔥、番茄糊和50～80ml的水（分量外）充分拌勻，再開火。

2 邊攪拌邊加熱，邊小心別燒焦，等整體熟透後，加入咖哩味噌球並充分拌勻，關火。

3 撕碎起司片撒在上面，運用餘溫融化，即可完成。

Point 充分拌勻食材，是做出好吃印度絞肉咖哩的秘訣。因此在開火前，必須先用筷子將整體混勻。另，還可依個人喜好，添加孜然、香菜或小豆等香料粉。

加入愛吃的咖哩塊，享受多重美味

熱狗豆子咖哩

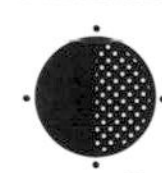
5～10分

燉煮

肉

豆類

材料

熱狗⋯⋯2條
洋蔥（小的）⋯⋯1/8個
綜合沙拉豆⋯⋯1包（50g）
咖哩塊⋯⋯1/2塊或略多

作法

1 熱狗切成 2cm 的塊狀，洋蔥切成小塊狀。
2 將 1、綜合沙拉豆和可淹過食材的水量（分量外）倒入露營杯內，開火。
3 等洋蔥塊熟透後，關火；加入咖哩塊，待融化後攪拌，使其與食材融合，即可完成。

Point

在這道料理中，也推薦使用水煮鯖魚罐頭來取代熱狗，只要把鯖魚和醬汁一起加入攪拌、烹煮，就完成了鯖魚咖哩。基本上，若想要節省燃料或天氣熱到不想一直加熱調理時，此道快速料理可說是最適合的選擇。

Column

讓咖哩更美味的5種食材

1 印度綜合香料粉

一般都是用 3 ～ 10 種香料調配而成，如：黑胡椒、小豆、香菜、孜然、肉桂、丁香等，味道又香又辣，只要少量加入，就能讓料理風味更有層次，十分受歡迎。

來點代表
印度的
綜合香料粉吧

2 醋

中華料理店的桌上，幾乎都會擺著一瓶醋，加一匙在咖哩內，味道就會產生變化。可依個人喜好添加愛吃的醋，但還是以溫和不刺激的穀物醋和米醋尤佳。

充分燉煮
就會呈現
溫潤的鮮味

3 味噌

鮮味成分豐富，常被用來當作咖哩的提味佐料。可以加入愛吃的味噌，但以味道濃郁的紅味噌最對味。由於味噌味道偏鹹，請邊試味道邊調整鹹淡較佳。

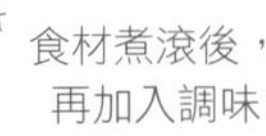

食材煮滾後，
再加入調味

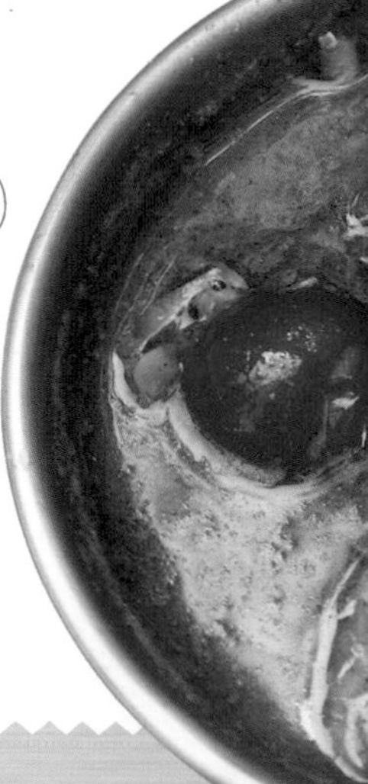

直接吃就能夠享受美味，是咖哩的特色。
只要加點佐料，就能變成風味十足的正統滋味。
這裡蒐集了手邊可買到的食材，不妨盡情地和咖哩自由搭配吧。

番茄糊 & 番茄醬

這兩種都含有大量番茄的鮮甜，加入熬煮，可輕鬆做出濃郁又有層次的咖哩風味。由於把新鮮番茄帶去山林十分困難，此時建議用番茄糊和番茄醬來代替。

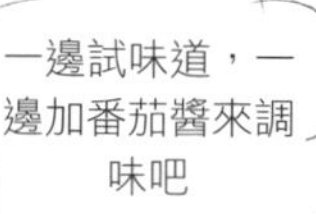

一邊試味道，一邊加番茄醬來調味吧

提升口感，也增加營養價值！

5 起司

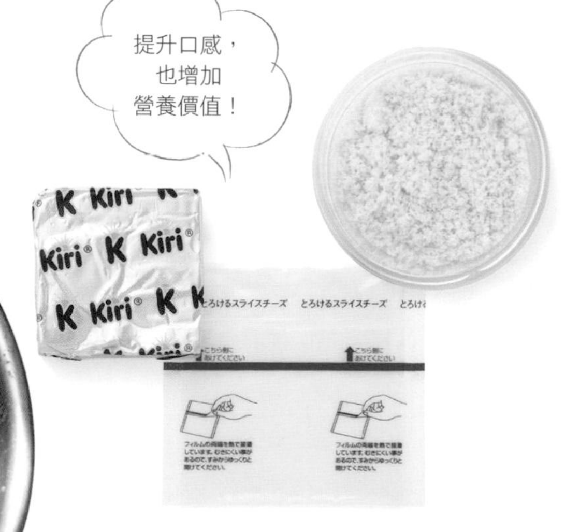

若想讓咖哩增加奶香或讓口感變得更溫潤時，可考慮加入起司；若添加的是奶油乳酪，則會帶點酸奶油的味道。由於乳製品容易燒焦，建議料理完成後再加入攪拌即可。

主菜

一個單人尺寸露營杯的分量，就能準備一份飽足感極高的主菜料理，例如鍋物或炸物，既可品嘗新鮮美味，又能享受烹調樂趣。

千層年糕片

5～10分

燉煮

蔬菜

材料

年糕片……4片
番茄肉醬……1包（80g）
奶油乳酪……1個（單包裝）
乳酪絲……1大匙（或是起司片1片）
（有就用）喜歡的香草……適量

作法

1 露營杯內倒入少許的水（分量外），重疊放入2片年糕（切成適當大小）和一半的番茄肉醬，及奶油乳酪（先輕輕捏碎）。

2 再依序放入剩下的年糕片、少許的水（分量外）、一半的番茄肉醬和乳酪絲，倒入30～50ml的水（分量外）。

3 有鍋蓋的話就蓋上，用小火加熱5～6分鐘，直到年糕和乳酪軟化。

4 最後，可撒上喜歡的香草，即可享用。

Point 為了避免年糕燒焦黏在露營杯底，請別忘記在加熱前先加水，且加熱期間也要注意。還是不放心的話，可額外在杯底鋪上平底鍋專用鋁箔紙。

取代義大利麵的年糕，口感好軟嫩

露營杯蒸茄子豬肉捲

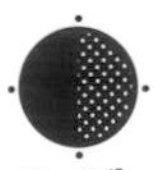
5～10分

蒸

肉

蔬菜

材料

高麗菜（或大白菜）……1～2片
茄子（小的）……1條
豬五花片……6片
喜歡的調味料
（柚子醋、鹽、梅乾等）
……適量

作法

1 高麗菜切成 2cm 寬，再把切好的菜葉疊起來塞進露營杯裡（參考 P19）。茄子去蒂頭切成 6 等分，用豬五花片捲起來。

2 注入 1cm 高的水（分量外）至露營杯內，擺入 6 組包著茄子的豬五花片，分成 2 層。

3 以另一個露營杯當鍋蓋，蓋上後加熱。

4 煮沸後，轉中火，再加熱 7 ～ 8 分鐘。等豬五花完全熟透，加入喜歡的調味料，即可享用。

Point 只要有 2 個相同尺寸的露營杯，就能挑戰做出分量十足的蒸煮料理；當然，也能直接使用露營杯專屬的杯蓋即可。另補充，處理茄子時，只要注意是否能配合露營杯的大小就好。

豬肉片鮮嫩多汁，相當美味

拿坡里風配菜

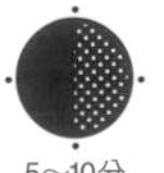
5～10分

燉煮

蔬菜

材料
洋蔥（小的）……1/8個
青椒（去籽）……1個
熱狗……4根
番茄醬……隨意
橄欖油……少許
黑胡椒、帕瑪森起司粉……適量

作法

1 洋蔥、青椒都切成 5mm 的細絲，熱狗對半斜切。
2 把 1 和可淹過食材 1/4 的水量（分量外）倒入露營杯內，輕輕攪拌，開火。
3 煮沸後，稍微攪拌一下，再加熱 2 ～ 3 分鐘至水分收乾。
4 倒入番茄醬和橄欖油，攪拌均勻，再撒上黑胡椒和帕瑪森起司粉，即可完成。

Point 在步驟 2 所加入的水，是為了讓所有食材都能熟透，因此，必須煮到水分完全蒸發掉較佳；至於所需水量，以可淹過 1/4 食材的分量為基準值。若第一次做這道料理，建議先從少分量的食材開始做起。

有著復古日式喫茶店令人懷念的滋味

鹽昆布關東煮

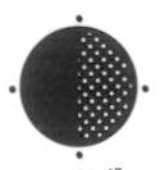
5～10分

燉煮

海鮮

乳製品

材料

竹輪……2根
油麩（切圓片）……2片
鹽昆布……1小撮
小番茄……3個
年糕片……適量
愛吃的乳酪（單包裝）……1～2個

作法

1. 竹輪切成 2cm 寬的塊狀。
2. 將竹輪塊、油麩片、鹽昆布和大約露營杯一半的水量（分量外）全倒入杯內，開火。
3. 煮沸後，加入小番茄（先去掉蒂頭），繼續加熱 2 ～ 3 分鐘。
4. 最後，加入年糕片和乳酪，煮軟，即可享用。若味道太淡，可再加點鹽昆布（分量外）。

Point 建議先享用鹽昆布和魚漿製品（竹輪）的鮮味，中途再加入乳酪，增添濃郁奶香，享用另一種截然不同的滋味。

現做關東煮中的「油麩」，可說是美味的關鍵

蒜頭豬肉鍋

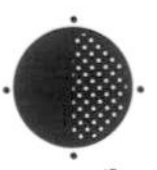
5～10分

燉煮

肉

材料

蘿蔔乾絲……2小撮
豬五花烤肉片……100g（約8片）
蒜片……6片
鹽……適量
（有就用）黑胡椒、青蔥（切碎末）
……皆適量

作法

1 倒入蘿蔔乾絲以及可淹過食材的水量（分量外），使蘿蔔乾絲泡開。

2 將豬五花切成 2 ～ 3cm 寬，沿著杯緣放入 1 內，並在正中間擺上蒜片（依喜好添加），開火加熱。若水逐漸減少，就再補水（分量外）。

3 等整體煮熟後用鹽調味，即完成。若有黑胡椒和青蔥末，也可撒上調味。

Point 享用完這道料理，可以加入白飯和蛋吸飽湯汁，做成收尾雜炊。

富含鮮味的蘿蔔乾絲，讓人享用後感到活力充沛

柚子醋奶油洋蔥湯

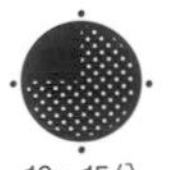
10～15分

燉煮

蔬菜

材料
洋蔥（小的）……1個
雞湯粉……1小匙
奶油……1小匙
柚子醋……1小匙或略多
黑胡椒……適量

作法

1 洋蔥去皮，切成放射狀（但不完全切斷）。

2 將1翻面使根部朝上，放入露營杯內，倒入可淹過洋蔥的水量（分量外）。

3 加入雞湯粉後，開大火加熱。煮沸後，蓋上蓋子，調整火力至料理不會溢出的程度，再加熱7～8分鐘。

4 洋蔥翻面，加熱2～3分鐘至煮軟。最後，加入奶油、柚子醋和黑胡椒，即可享用。

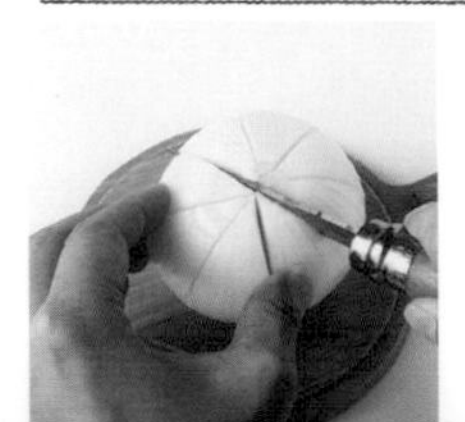

Point

「洋蔥」切法如下：去皮後，先切除上下部分；根部朝下，切出很深但不會切斷的放射狀切口即可。特別提醒，每一切口的幅度太窄，很容易讓洋蔥裂開，建議大概切成8等分尤佳。

作法簡便，又能提供豐富飽足感的料理

甜甜圈漢堡排

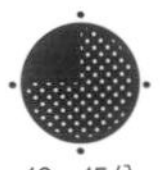
10～15分

烤・炒

肉

材料

在家先準備餡料

- 牛豬絞肉……80g
- 洋蔥（切碎末）……2大匙
- 鹽、胡椒、肉豆……少許

白酒（或是水）……1大匙

番茄醬等愛吃的醬料……皆適量

作法

1 〔在家〕把3種做餡料的材料倒入調理盆內拌勻，用保鮮膜包住，放置冷凍庫。

2 〔野外〕先將餡料塑形成跟露營杯相同的尺寸，中心挖個洞。把平底鍋專用鋁箔紙鋪進露營杯內，再放入餡料。

3 開火，以中小火加熱2～3分鐘。等餡料的下半部變白後，翻面，再加熱約1分鐘。接著，把白酒倒入洞裡，蓋上蓋子。

4 續加熱2分鐘至確實煮熟。可按壓肉確認是否有彈性，有的話就關火，再燜1～2分鐘。

5 添加番茄醬等愛吃的醬料後，即可享用。

Point

想吃到美味全熟的漢堡排嗎？訣竅就在於餡料的形狀。塑形成和露營杯一樣尺寸，火的熱度容易從杯緣開始加熱；而不易煮熟的正中間部分，因為開了洞，反而可以縮短加熱時間，有效預防煮不熟的狀況發生。

把漢堡排夾入麵包，就變成漢堡了

大豆墨西哥捲餅

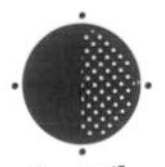
5～10分

燉煮

豆類

材料

大豆（水煮或蒸大豆）
……1罐（100g）
番茄糊……1條（1大匙）
洋蔥（切碎末）……2大匙
蒜片……5～6片
高湯粉（或是雞湯粉）……1小匙或略多
孜然粉……1小匙或略多
橄欖油、黑胡椒……適量

作法

1 將大豆、番茄糊、洋蔥末、蒜片、高湯粉和50ml的水（分量外）倒入露營杯內，加熱。

2 煮沸後，邊攪拌，邊煮至水蒸發掉一半左右。

3 加入孜然粉和橄欖油，充分拌匀。最後撒上黑胡椒即可享用。

Point

圓滾滾的大豆直接食用就很好吃，嚼碎後還會出現類似肉的口感；再用皮塔餅（Pita）捲起來吃，更能感受到異國風味。此外，依個人喜好，可多加點孜然粉，讓異國風味更加濃郁。

可用大豆取代絞肉，做成素墨西哥捲餅

燉南蠻唐揚雞

5～10分

燉煮

肉

材料
唐揚雞……3塊
大蔥……1/3根
柚子醋……50ml
糖……5～10g（糖條1～2包）
（有就用）七味粉……適量

作法

1 唐揚雞對半切開，大蔥斜切成薄片。
2 把柚子醋、糖和少量的水（分量外）倒入露營杯內，加熱。
3 煮沸後，把1加入，等大蔥片煮軟後，即可完成。若有攜帶，可再撒上七味粉享用。

Point 除了唐揚雞，也可以嘗試用自己愛吃的炸物來製作這道料理，例如炸豬排、雞塊或油豆腐等。另外，也可考慮在步驟2燉煮過程中加點太白粉（1/2匙左右）並充分拌勻，做出羹的口感。

此料理可靈活運用現成的炸物來製作

台灣鹹豆漿

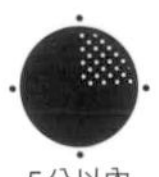
5分以內

燉煮

豆類

材料

蝦米⋯⋯1小撮（大約8隻）
豆乳⋯⋯200ml
鹽（或是醬油）⋯⋯少許
愛吃的醋⋯⋯1大匙左右
辣油⋯⋯適量
配料
（青蔥、香菜、油麩、法國麵包）
⋯⋯適量

作法

1 蝦米倒入露營杯內，開小火加熱，稍微煎過，並注意不要煎焦。等飄出香氣後，加入豆乳和鹽，並在快煮沸前關火。

2 倒入醋，快速且輕柔地拌勻，直到豆乳凝固。

3 加入辣油和愛吃的配料，即可享用。

Point 溫熱的豆乳，加點醋、再輕柔攪拌，就會凝固成彈嫩口感的鹹豆漿；入口不會感到太多酸味，而是溫醇的味道。建議可用小瓶子分裝醋，以便於攜帶。

製作過程簡單快速，當作早餐剛剛好

露營杯蒸雞肉大白菜

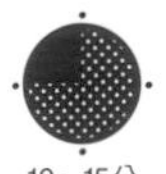
10～15分

蒸

肉

蔬菜

材料

大白菜……1～2片
蝦米……1小撮
雞腿肉……100g～120g
喜歡的調味料
（柚子醋、鹽、梅乾、辣椒醬油等）
……適量

作法

1 把大白菜切成 2cm 寬，疊起來塞進露營杯內（參考 P19），再撒上蝦米。另，將雞腿肉切成適口大小。

2 倒入約 1cm 高的水量（分量外），把雞腿肉排列在大白菜上，蓋上鍋蓋，開中火。

3 充分加熱 7 ～ 8 分鐘，等雞腿肉熟透、菜梗軟嫩後，配上喜歡的調味料，即可享用。

Point 作為料理基底的大白菜，和雞腿肉、蝦米一起蒸煮出的水分，正好融合成溫熱美味的湯汁。蒸煮過程中，若感覺水分蒸發了，請再慢慢補些水，繼續蒸煮即可。

此料理可以品嘗到美味多汁的雞腿肉

在山林中，也能享用簡易的炸物

炸雞胸海苔捲

10～15分

油炸

肉

材料

雞胸肉（去筋）……2條
鹽……少許
海苔（切成8片）……4片
太白粉……1大匙或略多
太白芝麻油……2大匙

作法

1 雞胸肉切成 4 等分，撒鹽後用手輕柔按壓。海苔採縱向對半切法，切成帶狀。
2 用海苔片把雞胸肉捲起，裹上太白粉。
3 露營杯內鋪上平底鍋專用鋁箔紙，倒入太白芝麻油。
4 一次只炸一塊，一次約 1 分鐘，以中火油炸至熟，即可完成。

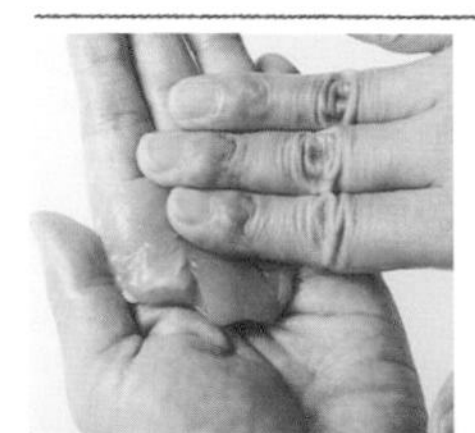

Point 雞胸肉經過按壓後再煮，比較容易熟透；若在意衛生問題，也可隔著塑膠袋按壓。至於包覆的海苔片建議使用未經調味的品項，更能品嘗到新鮮的海味。

水煮食材和芥末美乃滋，是最強搭擋

鮭魚馬鈴薯佐芥末美乃滋

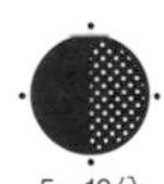
5〜10分

燉煮

海鮮

蔬菜

材料

馬鈴薯
（小的，切成5mm的半月形）
……1個
水煮鮭魚罐頭（小的）……1罐
美乃滋……隨意
芥末籽醬……1小匙或略多
鹽、黑胡椒（有蒔蘿也可加）
……適量

作法

1 將馬鈴薯和可淹過食材的水量（分量外）倒入露營杯內，開火加熱。

2 馬鈴薯煮軟後，把水煮鮭魚連同醬汁一同加入，邊煮邊輕輕攪拌。

3 移開火源，佐上美乃滋和芥末籽醬，撒上鹽和黑胡椒（也可再加上蒔蘿），即可邊搗碎鮭魚邊享用。

Point 除了水煮鮭魚，也可用其他魚類罐頭代替，例如鯖魚，不管是水煮或味噌煮品項，都有十分獨特的風味。無論使用哪一種魚類罐頭，最後都請沾上大量美乃滋和芥末籽醬一同享用。

在清淡的食材中添加奶油可提升料理層次

鱈魚海帶佐奶油

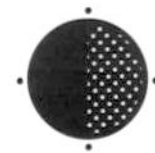
5～10分

燉煮

海鮮

蔬菜

材料

鱈魚切片（鹽醃）……1塊
乾燥海帶芽……2小撮
鹽或醬油……少許
奶油……適量
（有就用）檸檬……適量

作法

1. 鱈魚切成4～5等分，和海帶芽以及可淹過食材的水量（分量外）倒入露營杯內，開火。
2. 煮沸後，再以中火加熱2～3分鐘，等鱈魚煮熟後，關火。
3. 加鹽調味，再放入奶油、使其融化。最後，再淋上檸檬汁，即可享用。

Point 請選購有用鹽稍微醃過的鱈魚，就可少加點調味料。另外，由於魚皮味道較重，可視個人在意與否，考慮是否去皮使用。

非常適合淋在剛煮好的飯上

麻婆油豆腐

5〜10分

燉煮

豆類

肉

材料

油豆腐（小份的）……1塊
豬絞肉……40g
芝麻味噌辣油（作法在P68）……1大匙或略多
太白粉……1小匙

作法

1 油豆腐切成 1 ～ 2cm 的塊狀。
2 倒入 100ml 的水（分量外）、豬絞肉、芝麻味噌辣油和太白粉至露營杯內，充分攪拌之後，開火。
3 煮至沸騰後，把 1 加入，邊攪拌邊加熱 1 ～ 2 分鐘，等煮至入味後即完成。

Point 若想要煮出濃稠湯汁，秘訣如下：先加入太白粉（編註：圖左為日本品項），整體攪拌均勻後，馬上開火加熱；須注意在加熱時，也要繼續用筷子攪拌。

享用鍋物料理，能讓身體暖呼呼

韓式泡菜豆腐鍋

5～10分　燉煮　豆類　海鮮

材料

水煮蛤蜊肉（小的）……1罐
韓式辣椒醬……1小匙
愛吃的味噌……1/2小匙
豬五花烤肉片……40g（約3～4片）
愛吃的泡菜（小包裝）
……1包（約30g）
豆腐（小的）
……1包（約100g）

作法

1 將水煮蛤蜊肉連同醬汁一同倒入露營杯內，再把韓式辣椒醬和味噌融入湯汁內。
2 倒入豬五花烤肉片和泡菜，開火加熱。煮沸後，加入豆腐。
3 再煮約 2 分鐘，等開始冒泡後，即可完成。

Point

吃完這道料理，可再把冬粉和蛋加入剩下的湯汁，享受著又辣又溫潤的口感。另，可以用芝麻味噌辣油（作法在 P48）來取代韓式辣椒醬和味噌。

建議加入易熟的蔬菜來烹煮

火腿蔬菜涮涮鍋

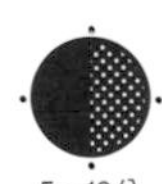
5～10分

燉煮

蔬菜

肉

材料

大蔥……1/3根
愛吃的蔬菜（櫛瓜、香菜等）……適量
火鍋湯底
- 柚子醋……50ml
- 橄欖油……1大匙
- 蒜片……3～4片

里肌火腿片……隨意
黑胡椒……隨意

作法

1 把大蔥斜切成段；將愛吃的蔬菜切成小塊或小圓片。
2 將湯底倒入露營杯內，開火。
3 等2煮沸後，加入火腿片、蔥段和愛吃的蔬菜，繼續煮到滾，再撒上大量黑胡椒。建議可等一樣食材煮軟後，再慢慢添加其他食材燉煮；若湯底快煮乾，可再添加水（分量外）作調整。

Point 涮涮鍋的特性之一，就是烹調時間較短；因此，建議事先將食材切薄片較佳。若吃得差不多了，可再添加米飯，與剩下的溫潤湯汁融合，就能好好享受美味的收尾雜炊。

甜點

有時候，會想要吃些甜點提振精神，或是藉由甘甜滋味開啟新的一天。事實上，只要下點工夫，用露營杯也能做出單人份的甜點；而且作法簡單，很適合和孩子們一起挑戰。

大判燒

10～15分

烤・炒

材料

鬆餅粉……5大匙
油（太白芝麻油、沙拉油等）……1大匙或略多
紅豆餡……適量
愛吃的配料（巧克力、香蕉、熱狗、起司等水分少的食材）……適量

作法

1 將鬆餅粉和約 2.5 大匙的水量（鬆餅粉的一半分量，材料分量外）攪拌均勻成麵糊。先把平底鍋專用鋁箔紙鋪進露營杯內。

2 倒油至杯內，開小火，倒入 2/3 量的麵糊。將紅豆餡壓入麵糊正中間，再倒入剩下的麵糊。另外，內餡可以隨意更換成想吃的食材。

3 轉成超小火，將麵糊兩面各煎約 5 分鐘，等熟透後撒上配料，即可享用。

Point

攪拌麵糊時，需注意濃稠度大約是用湯匙撈起會緩緩滴落的程度；太稀會讓內餡沉到底部，反而無法煎出完整的大判燒外型。此外，建議煎的時候要倒入較大量的油；若可將表面煎得焦脆，就能做出層次更豐富的口感。

多做一點大判燒，還可當作行動糧

淋上大量肉桂的香蕉煎，濃郁香甜

香蕉煎

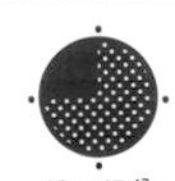
10～15分

烤・炒

材料

香蕉（中型）……1根
奶油……少許
糖……10g（糖條2包）
愛吃的麵包……4～5片
肉桂糖……適量
（肉桂 ： 糖＝1 ： 4～6）

作法

1 香蕉切成 2cm 寬的塊狀。先把平底鍋專用鋁箔紙鋪進露營杯內。
2 倒入奶油，加熱融化，再放入香蕉塊，使其斷面朝上，繼續煎烤。
3 煎 1 ～ 2 分鐘後，翻面再煎烤；糖從側邊加入，煮至融化。
4 關火，蓋上麵包。
5 稍微放涼後再翻面，撒上肉桂糖，即可完成。

Point

如果搭配香草冰淇淋或鮮奶油，料理的味道會變得更豐富。若喜歡喝酒的話，在步驟 2 加熱過程中，可倒入少量的威士忌或蘭姆酒增添香氣，會讓香蕉煎富含更深層的口感。

來品嘗一下「涮麻糬」吧

甜醬油麻糬

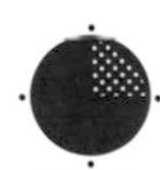
5分以內

燉煮

材料

醬油……1大匙
糖……1大匙
（約2包多一點的糖條）
太白粉……1小匙
年糕片……隨意

作法

1 把 50ml 的水（分量外）、醬油、糖、太白粉倒入露營杯內，充分拌勻。
2 開火，用筷子邊攪拌邊加熱。
3 煮沸後，轉小火，續加熱約 1 分鐘，再慢慢加入年糕片。
4 待年糕片煮軟後，即可享用。

Point 使用太白粉，可做出甜醬油獨特的濃稠感。另提醒，烹煮過程中，由於醬油和糖容易燒焦，務必在煮出濃稠度後馬上轉超小火；若發現快要煮乾，可添加少量的水（分量外）作調整。

蜂蜜檸檬寒天

5分以內

燉煮

材料

蜂蜜檸檬（作法在P116）……適量
寒天粉……1/2小匙
檸檬圓片……適量

作法

1 在露營杯內，將蜂蜜檸檬和水（分量外）以1：1的比例，調合成約130ml的蜂蜜檸檬水。
2 把寒天粉倒入1內，充分攪拌，開火煮至沸騰，轉小火，繼續邊攪拌邊加熱約2分鐘。
3 關火，加入檸檬圓片，等待凝固，即可完成。

Point

除了蜂蜜檸檬，也可以加入其他材料，自由變換寒天的口味！舉例來說，「水＋紅茶茶包」和寒天粉可做成「紅茶寒天」，也可淋上蜂蜜檸檬水增添風味；「咖啡歐蕾粉＋牛奶」和寒天粉則做成「咖啡歐蕾寒天」，再淋上煉乳，口感更佳。

一般來說，常溫下等待約1小時即可凝固

飲品	「當杯子用」是露營杯另一個令人強烈的印象。只要倒入材料直接加熱，就能馬上喝到熱呼呼的飲品。在此要分別介紹酒精飲料和無酒精飲料。

溫暖身心的3種酒精飲料

熱托迪酒

材料
橘子醬……1～2大匙
威士忌……2～3大匙

作法
將150ml的水（分量外）煮沸，再加入橘子醬和威士忌，即可完成。

熱莫希托酒

材料
蜂蜜檸檬
（作法請參考POINT）
……3～4大匙
蘭姆酒……2～3大匙
薄荷……適量

作法
將150ml的水（分量外）煮沸，再加入蜂蜜檸檬、蘭姆酒和薄荷，即可完成。

奶油熱蘭姆酒

材料
蘭姆酒……2～3大匙
糖……5～10g
（糖條1～2包）
奶油……1小塊

作法
將150ml的水（分量外）煮沸，再倒入蘭姆酒和糖；飲用前加入奶油，等待融化，即可享用。若額外撒上肉桂粉（分量外），會更好喝。

Point

「蜂蜜檸檬」作法如下：將2顆檸檬切成2～3mm厚的圓片，添加在300g的蜂蜜中，常溫下靜置1天以上即可。檸檬要帶皮使用，儘量使用無蠟、無農藥的品種。

熱莫希托酒

熱托迪酒

奶油熱蘭姆酒

療癒身心的甜酒

純樸簡單的3種無酒精軟料

香蕉甘酒

材料
香蕉……1/2根
甘酒……150ml（1包份）

作法
香蕉搗爛，和甘酒一起放入露營杯內。接著用湯匙攪拌，加溫後即可完成。另，可加入一點味噌（分量外）提味。

紅茶拿鐵

材料
愛喝的紅茶口味茶包……1包
牛奶……150ml（1小瓶）
糖……適量

作法
將50ml的水（分量外）煮沸，再把紅茶茶包泡開，倒入牛奶降溫。可視個人口味隨意添加糖，即可享用。

薄荷綠茶

材料
愛喝的綠茶口味茶包
……1包
薄荷……適量

作法
將200ml的水（分量外）煮沸，再把綠茶茶包泡開，關火。趁熱加入薄荷，使其飄出香氣即完成。

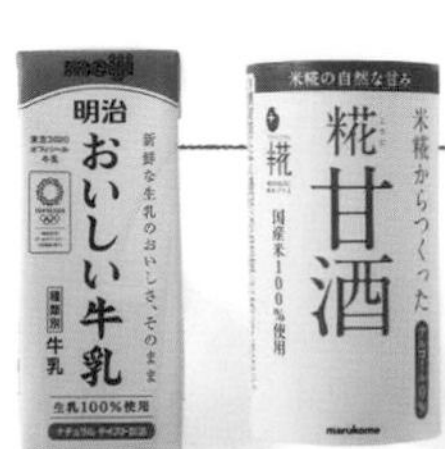

Point 乳製品和甘酒，都是一加熱就很容易在露營杯上煮出焦痕的飲品。因此在加熱飲品時，要持續用湯匙攪拌。火候控制方面，以小火至中火間尤佳。

薄荷綠茶
添加乳製品和甜味提升滿足感
紅茶拿鐵
香蕉甘酒

野外咖啡

「就算在野外，無論是短暫的早晨、午餐後或單純想喝時，也能體驗美好的咖啡時光。用咖啡濾網沖泡現磨的咖啡豆，是一件非常享受的事；然而，需要攜帶的工具很多，沖泡也很花時間。因此，如果想要簡便一點，不妨利用「茶包」方式來沖泡，即把水和磨好的咖啡豆一同加熱煮沸，而這是濾泡法帶給我的靈感。進一步來說，就是將咖啡粉倒入茶包袋內隨身攜帶，如此一來，只要想喝，隨時都能夠沖泡咖啡，非常方便。這點讓我非常滿意。」（蓮池）

準備物品

- 爐具
- 露營杯
- 筷子
- 喜歡的咖啡豆（咖啡粉）……適量
- 茶包袋……1 個
- 水……適量

沖泡法

1

先將磨好的咖啡豆裝入茶包袋內。露營杯內倒入 2/3 的水，煮沸後轉小火，沖泡茶包。

2

用筷子夾起茶包，像「涮肉片」一樣在熱水裡搖晃。等咖啡液體萃取出一定程度後，停止搖晃，直接靜置在熱水裡。

3

熬煮 2 ～ 3 分鐘後，再用筷子夾起茶包。熬煮時間愈久，咖啡濃度愈濃，請自行調整浸泡的時間。

露營杯的便利

食材百科

適合單人杯食譜的寶貴食材，特地選用能在超市和超商輕鬆購入又便於處理的食材。

乾貨類

蘿蔔乾絲

曬過太陽後，營養價值提升。充滿鮮味，又能熬出高湯。

蝦米

一小把就能提升料理的風味，是易簡便調理的海鮮。櫻花蝦也是一樣。

海苔

輕便，又能直接享用。可以活用超商飯糰上的海苔。

蒜片

加熱的時候撒幾片進去，可增添香氣，是令人精力充沛的滋味。

海帶芽

一餐 10g 已十分足夠。若想要有飽足感，可再多加一些。

油麩（仙台麩）

炸油麩體積輕巧，煮起來軟嫩，還能煮出鮮味，並提升料理飽足感。

海萵苣

屬海藻類，輕便，又富有口感，可當作湯品佐料或麵的配料。

年糕片

用手可折斷，加熱後馬上就軟化。體積重量皆輕便，又能帶來飽足感。

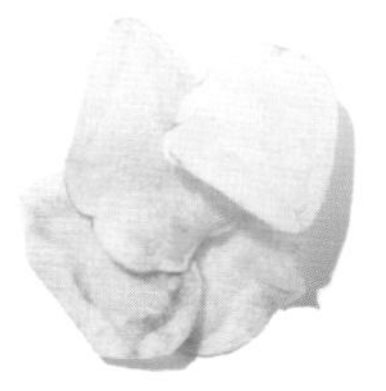

洋芋片

無論直接吃或當配料吃都行。恰到好處的鹹味和油脂，提升了飽足感。

寒天粉

無色無味，又助於消化。作者很常將此物加入料理內，可幫助預防便秘。

鹽昆布

料理中，鹽昆布的鮮味和鹹味非常萬用！加入 1 小撮在熱水裡，就是一碗熱湯。

鬆餅粉

單包裝 1 包 200g。口感帶點甜味，當作麵衣很好吃。

美乃滋

單包裝商品可直接用光，相當方便。若當作煎炒用油，會有獨特風味和香氣，讓料理更加分。

芝麻油

只要幾滴，就能提升料理香氣；也可代替奶油塗抹在麵包上享用。

太白芝麻油

可當作煎炒油。雖沒有芝麻特有的香氣，但仍有股淡淡的清香。

蜂蜜

可常料理內的甜味來源，也可用麵包沾取或加入飲品內品嘗，增添風味。

孜然

撒上一點，能讓料理增添獨有風味，就像是到異國旅遊般。是咖哩不可或缺的調味料。

黑胡椒

料理完成前撒上一點，就能提升香氣。建議使用粗顆粒黑胡椒。

太白粉

開火前加入食材內充分拌勻，就能做出熱呼呼的羹湯。

番茄醬

溫和清甜，加熱後就會釋出番茄的鮮甜。是咖哩的提味調味料。

辣油

料理完成之後淋上一些，可促進食欲。若想要變化口味，可來一點辣油。

雞湯粉

可以簡單調味，常備著比較安心。煎炒時，也可加入少量調味。

柚子胡椒

微辣又清爽，很適合加入濃郁奶味料理裡提味。

番茄糊

凝結了番茄的鮮甜風味。作者的咖哩裡絕對要再加上這一味。

柚子醋

可取代醬油，加入魚類或蔬菜料理內燉煮。柚子風味能讓料理更清爽。

奶油

此外，要帶去山林或露營區時，也可帶不易融化的打發鮮奶油。

芥末籽醬

讓料理多點刺激口感，可以當作簡單煎烤過的肉類料理佐料。

咖哩粉

裡頭添加多數的香料，少量加入就可提升料理層次。

蔬菜・水果

馬鈴薯

洗乾淨，連皮一同攜帶，保存期會拉長。新馬鈴薯可以連皮一起吃。

洋蔥

建議帶皮一同攜帶較佳。這是能夠用在許多料理內的萬用蔬菜。

小番茄

可生食，也可加熱食用。體積小巧，便於使用在露營杯料理中。

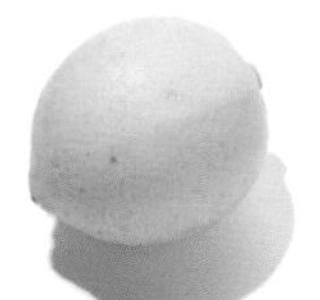

檸檬

建議整顆帶著走。料理完成後，少許檸檬汁可提味；也可做成蜂蜜檸檬，方便製作飲品等。

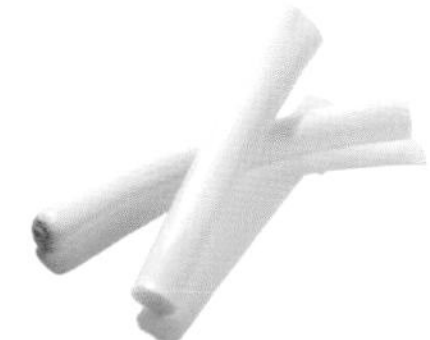

大蔥

可久放，也可取代洋蔥加入料理。青蔥部分則可讓料理色彩更鮮豔。

梅乾

酸鹹的滋味，有助於疲勞的身體恢復精神。另，也可代替醋來使用。

香菜

野外料理中，若能添加新鮮的香菜，就能呈現出如同餐廳料理的滋味。

豆類

易於用露營杯加熱的大豆和鷹嘴豆等可水煮的豆類，非常適合攜帶。

肉・魚・乳製品

絞肉

較快煮熟。對需要在短時間內製作完畢的露營杯料理來說是珍寶。

五花肉

同樣是能在短時間內快熟的肉類。烹煮的時候，所逼出的油脂也對料理很加分。

魚肉腸

不需加熱，可直接食用，也可久放。在野外時，也能當作行動糧。

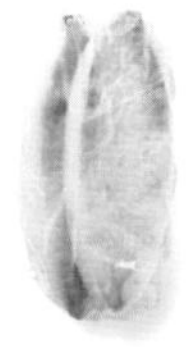

日式魚板

不需從木板取下，也不會製造垃圾。不需加熱，可直接食用。（編註：日本販售的魚板多附有木板基座）

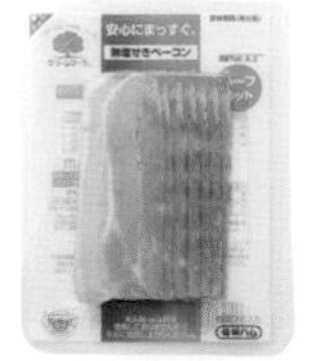

培根

加工肉品中，培根加熱後容易逼出油脂，可當作煎炒油使用。

烤雞罐頭（有鹽）

鹽味的烤雞能當湯品或燉煮料理的食材。可以從此罐頭中吃到肉塊。

水煮魚罐頭

鮭魚或鮪魚都很方便，最經典的還是鯖魚。從魚肉到醬汁都能一同享用。

奶油乳酪

加入料理內燉煮，可以增添奶香和酸味，是無可取代的味道。

5種調味料的攜帶方法

「一般來說，會將必需品全塞進後背包內。然而，若想要儘量減輕行李重量，調味料也應儘量採輕便或最少限度的準備，這是戶外活動的基本原則。基本上，戶外用品店有在販售專用調味料瓶，而（日本）百圓商店就能買到許多可以替換使用的分裝罐。不過，在使用液體用的瓶罐前，建議先裝水測試是否會外漏，比較安心；另，鹽、糖等顆粒狀調味料也可用小藥盒分裝。而分裝好的調味料，可全部收納在塑膠袋內，比較方便。」（蓮池）

糖

建議分裝於瓶子，調製飲品時會很方便。不過，糖遇到濕氣易結塊，需特別注意。

鹽

鹽的種類多，像是岩鹽、抹茶鹽等，若能攜帶許多種鹽，在烹調過程中會更有樂趣。

醋

加入少量的醋，就能讓料理風味變得更溫醇，令人精神為之一振。可攜帶自己喜愛的醋，例如穀物醋、果醋等。

醬油

若長期放在瓶罐內，瓶蓋內側會結塊，建議定期檢查、清理。

味噌

建議將要用的量以保鮮膜包住，並採用膠帶封住開口，以免外漏。

後記

在野外邊欣賞著風景，邊用露營杯做出的小分量料理，忍不住覺得「超級美味」。燉煮到冒泡的模樣、烤到滋滋作響的聲音與香氣，滲透進已經因遊玩而疲累的身體裡，加上料理的製作過程，可說都是美味的饗宴。

如何在短時間內加熱？可以做出那道料理嗎？不斷嘗試錯誤，相當有趣。這次也一樣，舉例來說，用兩種絞肉做出甜甜圈漢堡排的料理就非常成功！再次讓我感受到露營杯的好用之處，我自己也非常興奮！

這一次可以完成此書，要感謝跟我一起想出許多創意料理的編輯 Niimi Yuka（ニイミユカ）小姐，還有出版社「山と溪谷社」的佐佐木惣先生，誠心幫我設計出漂亮書籍的藝術總監尾崎行欧先生，協助我拍了許多「美味」（おいしそう）照片的山本智先生，以及打造真實場景的美術設計佐野雅小姐等等。對於所有參與製作這本書的各位，我真心地感激不盡。沒想到有一天竟然可以介紹露營杯野炊，讓我非常感動。

蓮池陽子

國家圖書館出版品預行編目 (CIP) 資料

露營杯 72 道料理：專為登山露營愛好者設計，一杯到底！快買快煮！減輕負重！
/ 蓮池陽子著 . -- 初版 . -- 新北市：幸福文化出版社出版：遠足文化事業股份有限
公司發行 , 2021.09
面； 公分
ISBN 978-986-5536-55-8(平裝)
1. 食譜

427.1 110005717

滿足館 0HAP0067

露營杯 72 道料理

專爲登山露營愛好者設計，一杯到底！快買快煮！減輕負重！

簡単シェラカップレシピ

作　　者：蓮池陽子
譯　　者：李亞妮
責任編輯：林麗文
特約編輯：郭盈秀
封面設計：比比司設計工作室
內頁排版：王氏研創藝術有限公司

總 編 輯：林麗文
副 總 編：梁淑玲、黃佳燕
行銷企劃：林彥伶、朱妍靜
印　　務：江域平、黃禮賢、林文義、李孟儒

社　　長：郭重興
發行人兼出版總監：曾大福
出　　版：幸福文化／遠足文化事業股份有限公司
地　　址：231 新北市新店區民權路 108-1 號 8 樓
網　　址：https://www.facebook.com/happinessbookrep/
電　　話：(02) 2218-1417
傳　　真：(02) 2218-8057

發　　行：遠足文化事業股份有限公司
地　　址：231 新北市新店區民權路 108-2 號 9 樓
電　　話：(02) 2218-1417
傳　　真：(02) 2218-1142
電　　郵：service@bookrep.com.tw
郵撥帳號：19504465
客服電話：0800-221-029
網　　址：www.bookrep.com.tw

法律顧問：華洋法律事務所 蘇文生律師
印　　刷：凱林印刷股份有限公司

初版一刷：2021 年 9 月
初版二刷：2022 年 5 月
定　　價：360 元

日方 STAFF

書籍設計：尾崎行欧、宮岡瑞樹、宗藤朱音、
安井彩、本多亜実（oi-gd-s）
照　　片：山本智
編輯：ニイミユカ、佐々木惣（山と渓谷社）
美術設計：佐野雅
插　　畫：宮岡瑞樹（oi-gd-s）
攝影協助：大島ゆき、東京チェンソーズ